U0021357

婚禮蛋糕天后賈桂琳的
SUGAR FLOWERS
翻糖花裝飾技法聖經

Contemporary cake decorating with elegant gumpaste flowers

自然系翻糖花萬用公式×20款花朵製作詳解×7款經典婚禮蛋糕設計

賈桂琳・巴特勒 Jacqueline Butler ——著

林惠敏 ——譯

Peggy Liao ——審訂

目　錄

引言..4

基本工具組 7

特殊工具與材料 8

翻糖的製作與上色 10

Petalsweet 方程式...............12

預備作業...14

繡球花 18

額外的葉片 24

填充花、花苞與葉片 26

花朵 30

秋牡丹 ANEMONE.............................32

山茶花 CAMELLIA 36

櫻桃花和蘋果花 CHERRY & APPLE
BLOSSOMS 40

大波斯菊 COSMOS............................46

大理花 DAHLIA 52

小蒼蘭 FREESIA................................58

薰衣草 LAVENDER 64

紫丁香 LILAC....................................68

木蘭花 MAGNOLIA 72

牡丹 PEONIES 76

蝴蝶蘭 PHALAENOPSIS ORCHID 86

毛茛花 RANUNCULUS 92

英國玫瑰 ENGLISH ROSE 96

庭園玫瑰 GARDEN ROSE.................102

攀緣玫瑰 CLIMBING ROSE.............108

香豌豆 SWEET PEA..........................114

蛋糕伸展台 120

糖花布置基礎課 122

單層布置

閉合牡丹與紫丁香的偏移布置............127

秋牡丹的邊緣布置.............................131

櫻桃花花環..135

多層布置

波斯菊寬邊布置 139

毛茛花的多層窄邊布置...................143

牡丹的三層布置 147

預先布置

牡丹與毛茛花的圓頂擺飾.................150

攀緣玫瑰花藝夾層...........................153

最後修飾 156

材料供應商 158

致謝 158

作者簡介 158

索引.. 159

引言

　　我自青少年時期便開始製作精緻甜點，以便在假日時款待我的家人。餅乾、蛋糕和派，上述我全都嘗試過，大部分的作品都會得到兄弟姐妹熱烈的迴響。小心而精確地在廚房裡做事，對我來說再理所當然不過了，況且我也喜愛看母親忙活的身影，以及能從她身上學習的時時刻刻。

　　初期我為親友的慶祝會製作蛋糕，很快地，我開始大膽嘗試裝飾彩糖、擠花袋，並塑造可愛動物的小雕像。後來我偶然發現了一本講翻糖花的書，努力且迅速地學會了所有的花朵製作方式。將簡單的糖膏球塑造成令人驚豔的細緻花朵這一過程，對我來說真的很神奇，但這種藝術形式並無法滿足我！我開始研究所欣賞的藝術家，並經常出外旅行，以習得製作翻糖花的穩固基礎。在家中，我會一而再、再而三地練習新技巧，直到我有足夠的自信能夠自己打造新花朵為止。久而久之，我開始將翻糖花融入所有的蛋糕設計中，並發展出個人的風格，這就是品牌「Petalsweet花瓣甜」的由來。

　　我打造的翻糖花非常有型，它們就是我個人對真實事物的詮釋。製作花朵需要練習，但不會難以上手，因為我盡可能保持細節工法的簡單。若某種花的細節對我來說不夠美觀或不具備功能性，我可能會改造或甚至省略它，而這讓花的製作過程輕鬆許多且充滿趣味。我也盡可能使用簡單的切模形狀和葉脈壓模來作翻糖花，如此一來動作將更迅速且有效率。我鼓勵你們不要聚焦於完美，而是要學習精巧地製作花朵。多練習這些技巧，很快地你就能輕鬆打造出美麗的花朵。

　　「Petalsweet花瓣甜」的蛋糕線條俐落而時髦，花朵布置豐富且清新。我很興奮能在蛋糕伸展台這章節中分享一部分我最愛的花朵組合範本，以及實用的各種蛋糕尺寸布置技巧。書中大多數的設計都是展示在小蛋糕上，即使你是花朵製作的新手，你也能直接按步驟操作，並為下次的生日或紀念日實際製作美麗的作品！如果你有較為豐富的烘焙經驗，亦可將數種布置技巧融入至一個較大的設計中，輕鬆地作出令人驚豔的升級版，比如結婚蛋糕。

　　我很榮幸能夠有這美妙的機會到世界各地旅行，並教導那些真心喜愛翻糖花且富熱情的學生如何製作翻糖花。課程中最棒的部分往往是，第一天和學生見面時，他們通常都對製作翻糖花感到緊張，但在接下來的課堂中，他們都帶著微笑且極度興奮，因為他們能立即打造出自己喜愛的作品，而且已經迫不及待想再做一次。

　　我希望本書所提到小訣竅和技巧對你們有幫助，如此一來，你們便可以立刻開始將美麗的新糖花加入技能清單中！也希望書中所有照片能激勵你們，進而創造出屬於自己、優雅且迷人的翻糖花藝術的蛋糕。

Jacqueline x

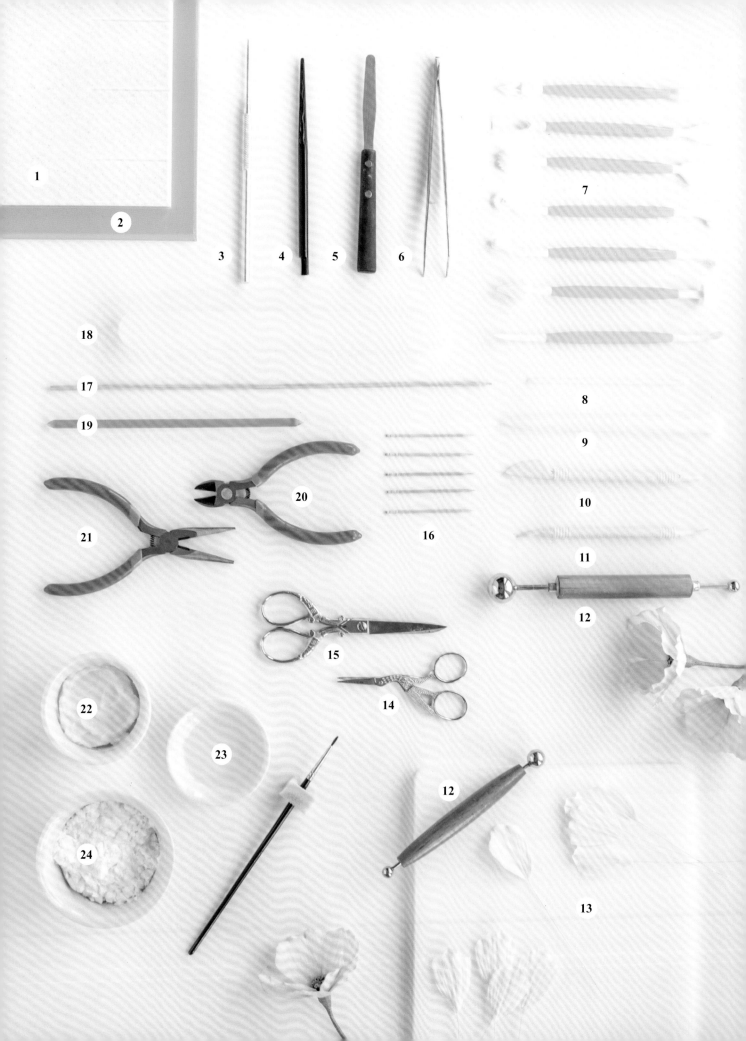

基本工具組

1 翻糖花專用工作板（Groove board）：一種不沾黏的塑糖工藝多槽紋路板，附有製作墨西哥帽（Mexican hat）花背的洞，背面為平滑的擀麵面板

2 花瓣保護墊，或稱PU膜，用來防止擀好的糖膏和裁切好的花瓣太快乾掉

3 針筆工具

4 JEM牌花瓣紋路塑型工具

5 迷你抹刀

6 鑷子

7 翻糖塑型工具組

8 迷你翻糖花造型棒（Mini Celpin）

9 翻糖花造型棒（Celpin）

10 刀具／標記工具

11 整型工具（Dresden tool）

12 各種尺寸的金屬球形工具

13 花瓣海綿墊

14 直刀口和彎刀口繡花剪

15 鋒利的剪刀

16 牙籤（或取食籤）

17 竹籤

18 翻糖專用小型不沾擀麵棍

19 翻糖專用迷你擀麵棍

20 鐵絲剪

21 老虎鉗，用來製作鐵絲的鉤，於花藝布置時使用

22 植物性起酥油（白色的植物油脂）

23 糖膠和小刷子

24 玉米澱粉（玉米粉）

特殊工具與材料

1　各種尺寸的保麗龍球

2　色粉和細節處理用平刷和圓刷

3　金屬葉片切模（繡球花葉片）

4　葉片切模與葉脈壓模組（櫻桃花葉片）

5　金屬花瓣與花朵切模（香豌豆）

6　色粉

7　食用色膏

8　色粉用平刷

9　細頭刷筆

10　矽膠葉脈壓模

11　金屬花瓣切模（繡球花）

12　各種尺寸的塑膠半球形模

13　晾花架

14　翻糖膏和塑型翻糖的尺寸測量工具

15　花瓣和葉片乾燥用的波浪海綿墊（Egg crate foam）

16　矽膠花瓣紋路壓模

17　戶外用聚酯纖維線

18　縫紉用棉線

19　保麗龍花苞（Celbuds）

20　以無味吉利丁（Gelatin）混合色粉製成的「花粉」（見「預備作業」）。

21　花藝膠帶

22　矽膠葉片壓模（多功能）

23　金屬花瓣切模（小玫瑰花瓣）

24　金屬花瓣切模（大理花）

25　金屬花瓣切模（小蒼蘭）

26　花蕊

27　花藝鐵絲

翻糖的製作與上色

　　翻糖是一種具可塑性的生麵團，通常以糖、蛋白或油、植物性起酥油和凝膠劑所製成，翻糖會變得有彈性，而且可以擀至極薄的程度。這讓它非常適合用來製作花朵，而且也能用來製作模型、緞帶和其它造型精細的作品。市面上有許多很棒的翻糖品牌，從手工到現成的都有。而就如同其他的塑糖工藝，翻糖也很容易受到不同的氣候狀況和環境所影響，因此最好多方嘗試，以找出最適合你的翻糖。捏塑時，請將玉米澱粉（玉米粉）置於手邊，在翻糖黏手時拍在手上，並記得在翻糖過於乾燥時，用手指沾取少許的植物性起酥油再混入膏體之中。

小訣竅

在使用玉米澱粉（玉米粉）和植物性起酥油時，沾取極少量使用即可，以免翻糖過乾，或是變得油膩並分離。

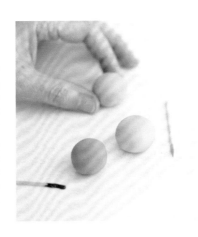

調製翻糖

我使用多年的翻糖配方是由傑出的主廚尼古拉‧羅吉（Nicholas Lodge）所創，而且他很有風度地允許我分享在這裡。用下面這個配方，就可以快速且簡單地做出平滑、富有彈性而且乾燥後依舊美麗的翻糖。

- 新鮮或殺菌蛋白125克
- 糖粉725克（步驟2）＋100克（步驟6）
- 泰勒膠粉（Tylose powder）30克（27克*）
- Crisco牌植物性起酥油20克

1. 將蛋白放入裝有槳形攪拌棒的電動攪拌器中。將電動攪拌器調至高速，攪打一會兒，將蛋白打散。
2. 將電動攪拌器調至最低速；緩緩地加入725克的糖粉，製作柔軟濃稠的蛋白糖霜。
3. 將速度調至中高速，攪打約2分鐘。
4. 務必將混料攪拌至軟性發泡階段。看起來應像是尖端低垂並帶有光澤的蛋白霜。若要為整批的蛋白霜染色，請在此階段加入色膏，讓它比想要的顏色略深一些。
5. 將碗壁的蛋白霜刮下，將電動攪拌器設定為低速，並在5秒的時間內撒上泰勒膠粉。將速度調高，攪打一會兒，讓混料變得濃稠。
6. 將預留的100克糖粉一部分撒至工作檯上，再將碗中的混料刮至工作檯上。在手上抹上植物性起酥油並揉捏翻糖，加入足量的預留糖粉，形成柔軟但不黏手的麵團。用手指捏捏看進行確認，記得手指應始終保持潔淨。
7. 將完成的翻糖用保鮮膜包起，然後裝進夾鏈袋中。將袋子放入第二個夾鏈袋中。放入冰箱冷藏，可以的話，請熟成24小時。
8. 當翻糖已經可供使用時，請置於室溫下回溫。切下少量的翻糖，並將少許植物性起酥油揉進翻糖中。若此階段就要染色，請將色膏揉進翻糖中，直到形成想要的色階。
9. 不使用時，請將翻糖冷藏保存。翻糖可冷藏保存約6個月。冷凍可保存更久。
10. 若不希望翻糖乾得太快，或是使用了容易乾燥的深色翻糖（黑色、暗綠色、紫色），泰勒膠放少一點即可。

染色

若要為翻糖染色，請用牙籤添加色膏，並揉捏翻糖，直到顏色完全混入為止。請記住，翻糖靜置時顏色會稍微加深，但乾燥時會稍微變淡。

若要打造漂亮的粉彩色，請先少量製作比預想色再深一點的糖膏基底。一旦打造出基底的顏色，請加入白色翻糖直到調出想要的顏色，這會比直接用大量的翻糖染色更快也更容易。

若要製作綠色翻糖，為了保持花藝布置時的美觀與清新，我最常使用以下幾種深淺不一的綠色。先從製作苔綠（美國惠爾通苔綠[Wilton MossGreen]）或酪梨綠色（酪梨綠[Americolor Avocado]）等基底色開始。我喜歡用這兩種顏色來製作部分葉片。其次則是為基底的綠色添加少許黃色（檸檬黃[AmericolorLemon Yellow]），讓顏色變得柔和些，更容易和粉彩色搭配，也很適合用在小葉片和花萼的製作上。第三種綠色是在原本的基礎色上添加少許的暗綠色（森林綠[Americolor Forest Green]），打造更暗色的葉片。這三種綠色系可涵蓋大部分的綠葉布置，用其他牌子的食用色膏也很容易複製出類似的綠色。

*注意：有些品牌的泰勒膠粉混合後效果較其他品牌強。若使用ISAC以外的品牌，便減少泰勒膠粉的用量。

Petalsweet 方程式

「Petalsweet花瓣甜」的方程式相當簡單，而且更重要的是，它永遠有用！

Petalsweet方程式＝綠色＋白色＋粉彩色

但願我能夠說這本書是因為我極其
專注且充滿熱忱地研究色彩學理論後才寫出
來的，但「Petalsweet花瓣甜」的誕生實際上來
自三個簡單的原因：我長期對綠色的著迷、我多麼熱
愛綠色和白色的清新組合，以及過去製作婚禮蛋糕時的
致命延誤狀況。

在職業生涯初期，我並沒有花太多的時間在製作及修飾
牡丹花和玫瑰上頭，通常是先快速地用極淡色調的粉紅
色製作花朵，並在乾燥時只用色粉在花瓣邊緣加一點
顏色。這便成了令我墜入愛河的粉彩花系列，不只因
為它們精緻的修飾效果，也因為它們組合起來相當快
速。對我的生產線來說，不僅細緻美麗又兼具實用性。

我開始從先前的繡球花、花苞和葉片作品中複製我最
愛的綠色，而且我發現許多粉彩花朵製成白色也會很美。而
這個方程式最後的部分是打造小填充花，用來解決布置之中的
空隙。我將它們做成白色，和任何物件配在一起都很好看！

這一切元素的組合造就了「Petalsweet花瓣甜」方程式。

它容易複製，而且始終時髦、清新和美麗。很高興它成了我
們的招牌！希望你們受到鼓舞，並且願意嘗試看看！

預備作業

在開始為你的蛋糕製作美麗的花朵和布置之前，
請花點時間瀏覽下列的基本知識和技術指南，
因為在製作花朵的過程中你將會頻繁地運用這些技巧。

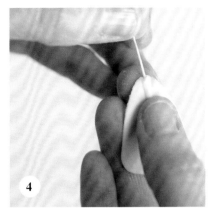

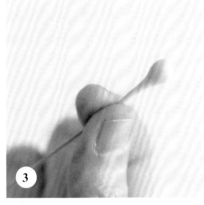

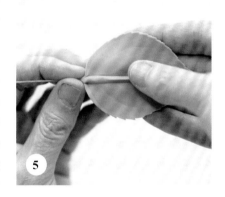

用鐵絲做彎鉤

用你的鐵絲做出小彎鉤，讓翻糖膏塊可以黏在鐵絲末端（1）。要做出完美的鐵絲彎鉤只需幾個步驟。若要製作開放式彎鉤，請用尖嘴鉗夾住鐵絲頂端，然後將頂端彎曲，但不要閉合。若要製作閉合的彎鉤，請用尖嘴鉗將開放式彎鉤夾至閉合。

將翻糖膏球固定在鐵絲上

若要將翻糖膏球固定在鐵絲上，請為彎鉤輕輕沾取少量的糖膠，然後拭去多餘的膠，讓彎鉤微濕即可。將彎鉤插入翻糖膏球中央。從翻糖膏球底部捏下少量的翻糖，一邊轉動鐵絲，一邊將翻糖膏球下方多餘的翻糖膏搓至非常薄。用手指捏住翻糖膏，快速轉動鐵絲，將多餘的翻糖膏弄斷。若要製作較長的花苞形狀，請以同樣的方式開始，並將彎鉤插入花苞的最寬處。輕輕地在指間來回搓動翻糖膏，直到將翻糖膏朝鐵絲下方搓細至達到想要的長度。轉動鐵絲，將多餘的翻糖膏弄斷，並在指間將翻糖膏搓至平滑（2和3）。

用鐵絲固定花瓣和葉片

有很多種固定花瓣和葉片的方式。我偏好使用糖花專用工作板（groove board），因為它讓你能夠快速、整潔且一致地打造出許多花瓣和葉片。將翻糖膏擀平，並裁出花瓣或葉片的形狀，再將鐵絲末端浸入糖膠中，並拭去多餘的膠，讓鐵絲剛好微濕。用大拇指和食指捏住花瓣或葉片的基部，溝槽處朝上面向自己。先小心地將鐵絲插入溝槽中，一次一點地慢慢插入，並將大拇指擺在頂端以感受鐵絲的位置（4）。將鐵絲完全插入溝槽後，輕輕捏住翻糖膏與鐵絲的會合處以固定鐵絲（5）。若這個動作你做起來有困難，請將花瓣或葉片擺在海綿墊上，溝槽面向上，基部靠著海綿墊的邊緣。將你的手指輕輕擺在溝槽上，一次一點地將鐵絲慢慢插入，以上述方式固定鐵絲。

使用花藝膠帶

花藝膠帶有多種顏色和寬度。漂亮的苔綠色或黃綠色大概是最實用的，但當你在製作純白色或淡色的布置，或是很難將綠色的莖隱藏起來時，你或許會想要使用白色膠帶。你也能為花藝膠帶刷粉，量身打造你要的顏色。我們最常使用的是半寬膠帶，但請使用你覺得最順手的。不過盡量少用膠帶，以免葉柄過於厚重。市面上有一些很棒的膠帶切割機，可輕易將膠帶切成一半、三分之一，甚至四分之一。在使用膠帶時，請裁下所需的長度，稍微拉長，讓膠帶自動產生黏性，將膠帶保持在微微向下的角度，緊緊纏繞鐵絲以保持鐵絲花瓣的穩固，並一邊轉動花朵（1）。

筆刷與刷粉

為了獲得最佳的刷粉效果，建議混用平刷和圓刷。扁平的硬毛刷以1/8英寸（3公釐）至3/4英寸（2公釐）的大小為佳，這個大小很適合用來修飾花瓣和葉片的邊緣，以及將顏色刷在較小或特定的區塊上。圓頭的軟毛刷以1/2英寸（1公分）至1英寸（2.5公分）的大小為佳，可用來為花瓣刷上淡淡的紅色和混合色調，或是迅速為大片花瓣增色。

先為你的花朵刷上以玉米澱粉（玉米粉）或白色花粉調淡的顏色，並用刷子輕輕地刷。你永遠都可以再添加和疊上更多的顏色，但如果你一開始便下手太重，就無法回頭了。在已刷上色粉的花瓣上，只要用略暗的色調修飾邊緣，就可以讓花瓣或已完成的花朵顯得輕盈細緻，而無需使用太多顏色。可以的話，請在多出來的乾燥翻糖膏塊上練習任何新的顏色組合。至於葉片，我會使用最愛的幾種綠色系來創造飽和的鮮綠色。

花粉

「花粉」可以撒在部分花朵雄蕊的末端，並增添栩栩如生的效果。可用無味的吉利丁混合花粉。建議一次混入半小匙的花粉，直到形成想要的顏色（2和3）。

蒸氣與光澤

小心地為你的花朵和葉片噴上蒸氣，讓色粉定色，並防止顏色轉印在你的蛋糕表面。色粉將不再乾燥，而且顏色會像水彩一樣稍微混在一起。在為你的花朵打造色粉色階時，記得噴上蒸氣後色粉的顏色會稍微加深，請將這點牢記在心。讓花朵和蒸氣保持至少6英寸（15公分）的距離，並持續轉動，以確保花朵沒有任何部分吸收過多的水分（4）。一次蒸幾秒鐘，只要蒸至花朵看起來不會乾燥即可，但不要蒸至看起來有光澤的程度，那太久了。蒸太久可能會導致花朵變軟，接著凋謝或分離。蒸過的花朵和葉片要完全乾燥後再使用。

糖衣和葉片的鏡面淋面非常適合用來修飾你的葉片。請少量地使用鏡面淋面，並用刷子在已上色粉、噴上蒸氣並完全乾燥的葉片上刷上薄薄的一層（5）。若你想要減少光澤，亦可以50/50的比例用酒精或鏡面稀釋液來稀釋鏡面淋面。乾燥時間依氣候條件而有所不同，在較潮濕的天氣裡乾燥的時間較長。市面上有幾種版本的鏡面淋面，有的可能需要刷上不止一層才能獲得想要的修飾效果。若要為葉片製造霧面或絨毛效果，只要噴上蒸氣即可。

繡球花

　　我將繡球花的教學放在本書開頭，原因在於它們是我設計蛋糕時常用的基本花朵之一。綠色的繡球花是我的最愛，因為它們為蛋糕增添了清新感，並讓粉彩色花朵的顏色更突出。但也別忘了製作紫色、藍色、粉紅色和白色的繡球花！製作完成後請讓它們風乾兩日 —— 掛在架上，讓形狀較為閉合，或是面朝上擺在杯形的模型中，讓花朵保持較為盛開的形狀。特別注意：閉合的繡球花才能緊靠在一起，而這就是我打造緊密布置的祕訣之一。

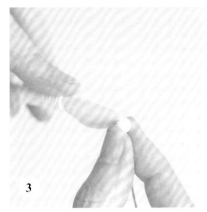

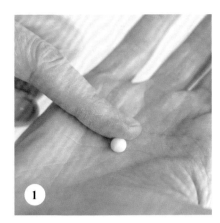

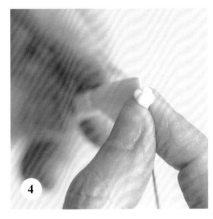

所需特殊材料清單

....

- Cakes by Design 牌繡球花切模
- Cakes by Design 牌繡球花單面花瓣紋路壓模
- Cakes by Design 牌繡球花紋路壓模
- Cakes by Design 牌繡球花單面葉片紋路壓模
- 26 號綠色鐵絲
- 刀具
- 花朵用中空杯形模具
- 晾花架
- 波浪海綿墊
- 奇異果綠色粉
- 苔綠色粉
- 水仙花黃色粉
- 洋紅色粉
- 糖膠（葉片鏡面膠）
- 白色翻糖膏
- 繡球花綠色翻糖膏（酪梨綠色 [Americolor Avocado] 和檸檬黃色 [Americolor Lemon Yellow]）
- 葉片翻糖（美國惠爾通苔綠色 [Wilton Moss Green] 和酪梨綠色 [Americolor Avocado]）

花芯的製作

1. 製作一個 3/16 英寸（4 公釐）的極小白色翻糖球，並搓至平滑。

2. 整齊地黏在 26 號帶鉤鐵絲上（見「預備作業」）。

3. 用刀具在翻糖中央製造壓痕，形成兩半。

4. 使用刀具再做出兩道壓痕，原來的兩半會變為四半。

5. 為每朵繡球花製作花芯。完成後靜置讓花芯完全乾燥。

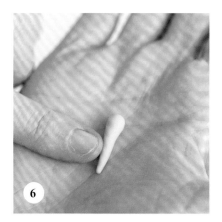

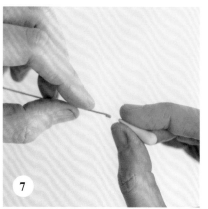

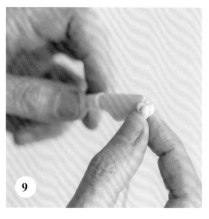

製作花苞

6. 搓出一顆直徑 1/4 英寸（5公釐）的淡綠色小球。將球的下半部搓成錐形，並保留頂端的球形。

7. 插入 26 號帶鉤綠色鐵絲，直到鉤子位於花苞最寬處的中央。

8. 用手指將花苞搓薄搓細，直到花苞長 3/4 至 1 英寸（2 至 2.5 公分）。

9. 用刀具在花苞頂端劃出如同繡球花芯的四個區塊。

10. 為了增加視覺效果，請做出不同尺寸但都不會太大的花苞。讓它們完全乾燥。

製作花朵

11. 將淡綠色的翻糖擀薄至 1/16 英寸（2公釐）的厚度，若有需要請用花瓣保護膜或 PU 膜蓋起來，以免過乾。用繡球花紋路壓模在翻糖上各處平均地壓出紋路。

12. 將切模對準紋路，切下繡球花的形狀。將花朵蓋起，以免乾燥。

13. 一次處理三至四朵花，並擺在海棉墊上。用球形工具將外緣擀薄，若需製作較皺的花朵，可更用力地再擀一次。

14. 在繡球花花芯下方塗上少量糖膠。

15. 將一片繡球花朵從鐵絲下方穿入，並滑至頂端。

16. 輕輕地將花芯黏在花朵上。

17. 將花朵倒置，用指尖按壓底部，讓花朵固定在花芯上。

18. 將大部分的花朵倒吊晾乾（這樣在布置時彼此更能緊貼在一起）。

19. 將部分的繡球花正面朝上擺在中空杯形的模具中晾乾，花形會變得更美，和其他的花彼此交疊時也比較好看。

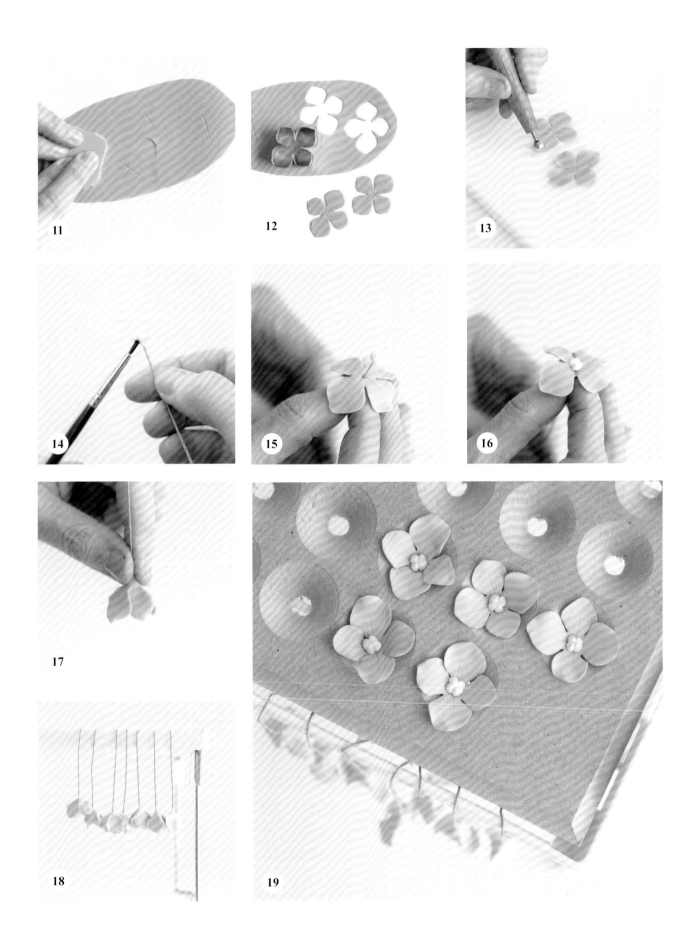

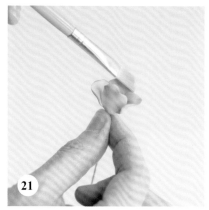

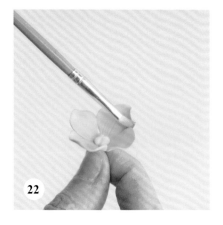

小訣竅

在將繡球花朵和花苞集結為花束時,請讓每朵花和花苞以些微不同的高度排列。這會讓花束看起來更為自然。

製作花苞與花朵

20. 為整個花苞刷上奇異果綠色粉。

21. 為繡球花朵刷上奇異果綠色粉時,要從外緣朝花芯的方向刷,並避免將白色的花芯染色。

22. 如果想要的話,亦可隨機在花朵邊緣刷上些許粉紅色粉。

23. 閉合的繡球花可和其它花緊密貼合,但盛開的花瓣會增添魅力和立體感。

製作葉片

24. 在糖花工作板上將綠色的葉片翻糖擀至適當的薄度,約1/16英寸(2公釐)左右。

25. 在繡球花葉片紋路壓模上,對準溝槽處,均勻地按壓翻糖。

26. 將翻糖移至裁切板上,切下繡球花葉片。

27. 用26號的綠色鐵絲沾取糖膠。插入葉片背面的溝槽中約1英寸(2.5公分)深(見「預備作業」)。

28. 按壓鐵絲進入葉片處,讓葉片固定在鐵絲上。

29. 在海綿墊上用球形工具將葉片背面的邊緣擀薄。更用力地重複按壓邊緣,可增加葉形的律動感。

30. 將葉片正面向上擺在一塊泡棉墊上,讓葉片完全乾燥。

31. 在葉片的表面刷上苔綠色粉,背面不動。

32. 以隨機小點的方式,在葉片上加入少許的黃色和奇異果綠色粉。

33. 在葉片邊緣隨機刷上極少量的粉紅色。

34. 將葉片噴上蒸氣一會兒以定色,並讓葉片乾燥(見「預備作業」)。

35. 想要的話,亦可在葉片表面輕拍上薄薄一層糖膠或葉片鏡面膠,以打造美麗的光澤。待葉片完全乾燥後再行使用。

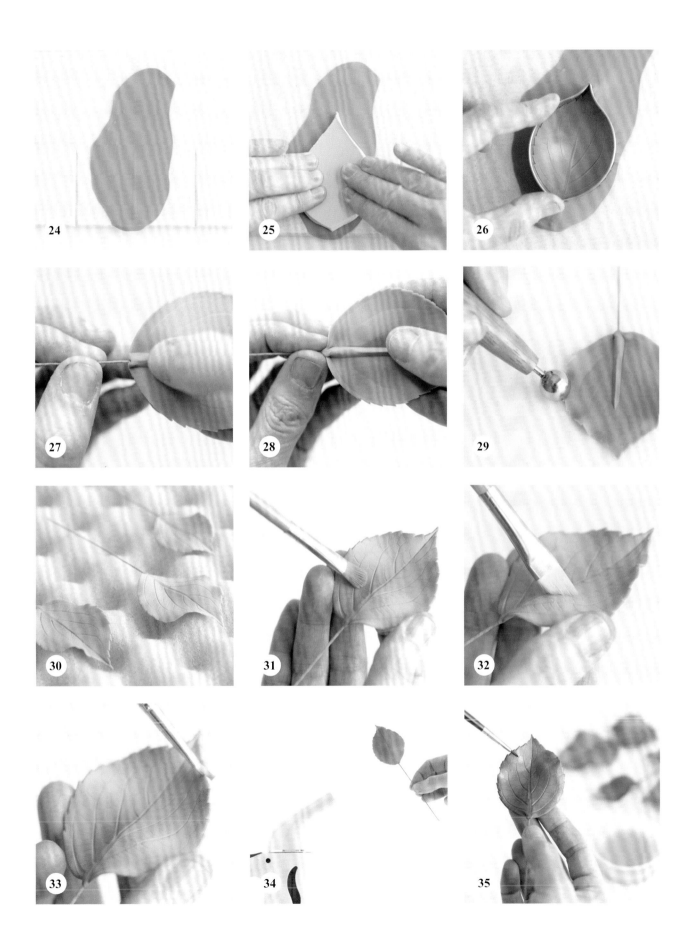

額外的葉片

美麗的葉片對於花朵的塑型、修飾都有出色的效果，並進而為花朵和蛋糕設計賦予生命。以下是我最常使用的葉片種類。不要擔心沒有剛好可以用來搭配你所有花朵的葉片，我會在手邊儲存繡球花、玫瑰和牡丹葉片，以及一些綠葉，而且只在我有需要時才製作特定的葉片。製作葉片時請遵照製作繡球花如擀薄、裁切和穿入鐵絲等指示，但別忘了先在矽膠紋路壓模之間按壓鐵絲葉片，然後再進行乾燥和修飾。

毛茛葉 (1)

- 苔綠色翻糖膏／26號鐵絲
- Scott Woolley牌毛茛葉切模
- SK Great Impressions牌矽膠玫瑰葉片塑型工具
- 苔綠色粉
- 修飾用蒸氣和鏡面膠

紫丁香葉 (2)

- 酪梨綠色翻糖膏／26號鐵絲
- 1又3/8×1又7/8英寸（3.5×4.5公分）的玫瑰花瓣切膜
- Sunflower Sugar Art牌多功能紋路壓模
- 奇異果綠色粉
- 修飾用蒸氣和鏡面膠

山茶花葉 (3)

- 苔綠和森林綠色翻糖膏／26號鐵絲
- 使用輪刀切下葉片的形狀（見樣板＊）
- SK Great Impressions牌矽膠玫瑰葉片紋路壓模
- 苔綠色粉
- 修飾用蒸氣和鏡面膠

香豌豆葉 (4)

- 酪梨綠色翻糖膏／28號鐵絲
- Scott Woolley牌槲寄生切模
- Sunflower Sugar Art牌多功能葉紋路壓模
- 奇異果綠色粉
- 修飾用蒸氣和鏡面膠

綠葉 (5)

- 苔綠色翻糖膏／28號鐵絲
- 使用輪刀切下葉片的形狀（見樣板＊）
- First Impressions Molds牌多功能葉片塑型墊
- 苔綠色粉
- 修飾用蒸氣和鏡面膠

木蘭花葉 (6)

- 在糖花工作板上搓揉在一起的苔綠色翻糖（表面）和橙褐色翻糖（背面）／24號鐵絲
- 用輪刀切下葉片的形狀（見樣板＊）
- First Impressions Molds牌木蘭花葉片紋路壓模
- 苔綠色粉
- 修飾用蒸氣和鏡面膠

櫻桃花與蘋果花葉 (7)

- 苔綠色翻糖膏／櫻桃花用28號鐵絲
- 酪梨綠色翻糖膏／蘋果花用28號鐵絲
- Scott Woolley牌小型多功能葉片切模和紋路壓模
- 櫻桃花用苔綠色粉
- 蘋果花用奇異果綠色粉
- 修飾用蒸氣和鏡面膠

大理花葉 (8)

- 苔綠色和黃色翻糖膏／26號鐵絲
- Scott Woolley牌繡球花葉片切模
- 用小剪刀在葉片邊緣剪出V字形切口
- First Impressions Molds牌矽膠葉片紋路壓模（梔子花）
- 苔綠色粉和奇異果綠色粉
- 修飾用蒸氣和鏡面膠

玫瑰花葉 (9)

- 苔綠色翻糖膏／26號鐵絲
- Scott Woolley牌大型和小型玫瑰花葉片切模
- SK Great Impressions牌矽膠玫瑰葉片紋路壓模
- 葉片用苔綠色粉
- 葉脈中央與葉片邊緣用冬青色粉
- 修飾用蒸氣和鏡面膠

牡丹葉片 (10)

- 苔綠和森林綠色翻糖膏／26號鐵絲
- 使用輪刀切下葉片的形狀（見樣板＊）
- Sunflower Sugar Art牌牡丹葉片紋路壓模
- 苔綠和冬青色粉
- 修飾用蒸氣和鏡面膠

填充花、花苞與葉片

這是「Petalsweet 花瓣甜」最受歡迎的招牌，
迷你小花和多功能的花苞非常百搭！
其中以淡花色花芯的白花最萬用，
但你也可以輕鬆做出任何你需要的顏色來搭配其他花朵。

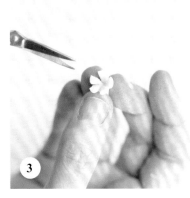

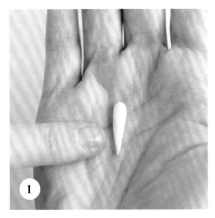

所需特殊材料清單

- 錐形工具
- 刀具
- 小剪刀
- 26號綠色鐵絲
- 28號綠色鐵絲
- 30號綠色鐵絲
- 22號綠色鐵絲
- 奇異果綠色粉
- 苔綠色粉
- 少量的淡黃色柔軟蛋白糖霜（檸檬黃[Americolor Lemon Yellow]）
- 小型擠花袋
- 白色翻糖
- 綠色翻糖（美國惠爾通苔綠[Wilton Moss Green]）

製作花朵

1. 用白色翻糖搓出寬1/4英寸（5公釐）、長1英寸（2.5公分）的狹長形小圓錐。

2. 用錐形用具將頂端壓開，形成1/4英寸（5公釐）深的洞。

3. 用剪刀將開口的邊緣剪開五次，形成花瓣。

4. 用手指輕輕按壓方形的花瓣，讓花瓣的線條變得圓滑。

5. 在指間用力將花瓣壓平。

6. 將花朵倒置在海綿墊上，用小型的球形工具輕輕按壓每片花瓣，讓花瓣的背面形成杯形。繼續進行步驟7。

7. 將帶鉤的26號鐵絲向下插進花朵中央,直到看不到鉤子為止。

8. 用手指輕搓花朵底部,讓花朵整齊地附著在鐵絲上。插在保麗龍上,讓花朵完全乾燥。

9. 將少量柔軟的蛋白糖霜染成淡黃色,並用湯匙舀進擠花袋中。用剪刀將擠花袋尖端剪下一小點。用擠花袋將蛋白糖霜擠入並填滿花朵中央的小洞,將鐵絲頭隱藏起來。待完全乾燥後再行使用。

製作填充花苞

10. 將3/16英寸(4公釐)的白色小翻糖球搓至平滑,整齊地黏在28號的帶鉤鐵絲(見「預備作業」)上。

11. 用刀具在花苞頂端周圍平均地劃出三道刻痕。讓花苞乾燥。在花苞底部刷上極少量的奇異果綠色粉作為修飾,並用蒸氣定色(見「預備作業」)。

製作葉片

12. 將3/16英寸(4公釐)的綠色小翻糖球搓成錐形,黏在30號的帶鉤鐵絲上,尖端向上。在指間用力壓平。

13. 將葉片擺在海綿墊上,用指尖按壓鐵絲的兩邊,形成葉片中間的葉脈和兩側。

14. 用球形工具將兩邊擀至平滑並延展,形成葉片的形狀。捏捏葉片尖端進行修飾。讓葉片完全乾燥。

15. 刷上苔綠色粉,並輕輕點上糖膠或葉片鏡面膠,以增添些許的光澤。待葉片完全乾燥後再行使用。

製作多功能花苞

16. 將1/2英寸(1公分)的白色糖膏球搓成矮胖的錐形,黏在22號的帶鉤鐵絲上。

17. 用刀具從花苞底部朝頂端的方向,在花苞周圍劃出三道等距的刻痕。讓花苞完全乾燥。

18. 為花苞底部刷上奇異果綠色粉,並向上刷至刻痕處。噴上蒸氣一會兒以定色,待乾燥後再行使用。可先製作各種小尺寸的綠色和白色花苞備用。

花朵

製作花瓣

7. 製作小花瓣，在糖花工作板上將白色翻糖擀薄，並裁成1又1/8×1又3/8英寸（3×3.5公分）的玫瑰花瓣形狀。

8. 以30號白色鐵絲沾取糖膠，將1/2英寸（1公分）的長度插入溝槽中，並將底部按壓固定（見「預備作業」）。

9. 在海棉墊上用球形工具將花瓣邊緣擀薄，接著擀二至三次，將花瓣中央拉長。

10. 在紋路壓模上按壓鐵絲花瓣。

11. 在海綿墊上處理花瓣背面，用球形工具在花瓣邊緣製造輕微的律動感──只需要形成微波，而非大波浪。

12. 將花瓣的前端向上，擺在蘋果紙槽或其他微凹的模具上晾乾。為每朵花製作五至六片小花瓣。

13. 製作大花瓣，使用1又3/8×1又5/8英寸（3.5×4.3公分）的玫瑰花瓣切模，以同樣方式製作花瓣，直到固定在鐵絲上。這次以球形工具擀幾下，將花瓣加大加寬。在紋路壓模上按壓，用球形工具擀背面的邊緣以打造律動感，擺在模具上晾乾。每朵花製作六至七片花瓣。

14. 小花瓣和大花瓣的混合可讓秋牡丹花的外觀看起來更自然，並增加吸睛度。

組合秋牡丹

15. 使用半寬花藝膠帶（見「預備作業」），將小花瓣黏在花蕊底部的膠帶起始位置。

16. 繼續在花蕊周圍，用膠帶等距地將所有的小花瓣黏在同樣的高度。

17. 開始加上大花瓣，將它們直接黏在小花瓣層下方。

18. 小心地為秋牡丹噴上蒸氣一會兒以進行最後修飾（見「預備作業」）。待完全乾燥後再行使用。

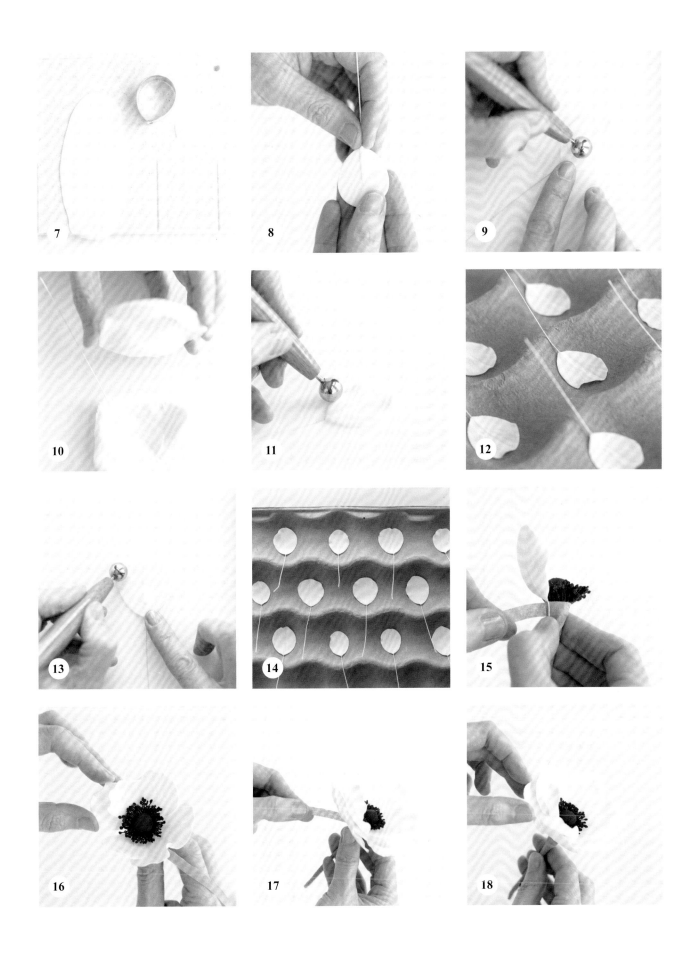

山茶花

　　我試著以玫瑰花為基礎，打造令人耳目一新的變化型：山茶花。
山茶花是一種看起來花瓣很多，但又不會讓你為了製作完美螺旋而
煩躁的花朵。它的顏色從白色到漂亮的淡粉紅、暗粉紅和紅色都有，
而且是時尚品牌香奈兒（Chanel）的象徵。這裡將教你如何製作出盛
開的美麗山茶花，它們非常適合擺在小蛋糕蛋糕上當重點裝飾花，效
果將十分令人驚豔。若你希望將它們用於布置中，只要將它們掛起晾
乾即可，如此一來，完成的山茶花形狀會和其他的花朵形成出色的搭
配。

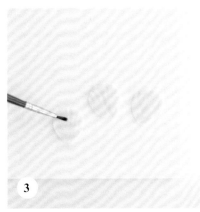

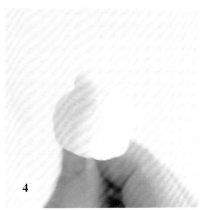

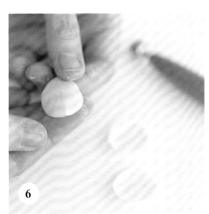

所需特殊材料清單

- 保麗龍花苞（20公釐）
- 五種尺寸的Cakes by Design牌玫瑰花瓣切膜：1/2×5/8英寸（1×1.5公分）、3/4×7/8英寸（2×2.3公分）、7/8×1英寸（2.3×2.5公分）、1又1/8×1又3/8英寸（3×3.5公分）和1又3/8×1又5/8英寸（3.5×4.3公分）
- SK Great Impressions牌花瓣紋路壓模
- 小剪刀
- 20號綠色鐵絲
- 22號綠色鐵絲
- 波斯菊粉紅色粉
- 奇異果綠色粉
- 淡粉紅色翻糖膏（美國惠爾通粉紅 [Wilton Pink]）
- 綠色翻糖膏（美國惠爾通苔綠 [Wilton Moss Green]和檸檬黃 [Americolor Lemon Yellow]）

製作花朵

1. 將保麗龍花苞（Celbud2）黏在20號鐵絲上，晾乾。

2. 將淡粉紅色的翻糖膏擀薄，裁出三片3/4×7/8英寸（2×2.3公分）的花瓣，在海綿墊上用球形工具將邊緣擀薄，然後在花瓣紋路壓模上按壓。

3. 為所有花瓣的整個表面塗上糖膠。

4. 在保麗龍花苞上將花瓣黏成緊密的螺旋狀，務必要將保麗龍球的頂端隱藏起來。

5. 將花瓣向下撫平，讓花瓣完全貼平，形成緊密的花苞。

6. 裁出三片7/8×1英寸（2.3×2.5公分）的花瓣。在海綿墊上用球形工具將邊緣擀薄，然後在花瓣紋路壓模上按壓。輕捏每片花瓣外緣的中央頂端。繼續進行步驟7。

櫻桃花與蘋果花

　　叫人如何不愛上它呢？在粉紅、白色和巧克力色的翻糖映襯下，小巧可愛的櫻桃花多麼討人喜歡！只以櫻桃花製成的小花束便非常出色，也可以單一的填充花形式置於混合的布置中。多做些小花苞吧！它們的製作非常快速而簡單，而且總是深受好評！

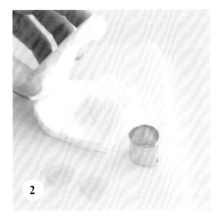

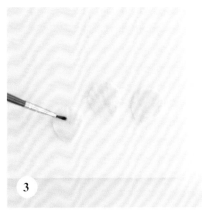

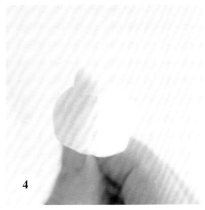

所需特殊材料清單

- 保麗龍花苞（20公釐）
- 五種尺寸的Cakes by Design牌玫瑰花瓣切膜：1/2×5/8英寸（1×1.5公分）、3/4×7/8英寸（2×2.3公分）、7/8×1英寸（2.3×2.5公分）、1又1/8×1又3/8英寸（3×3.5公分）和1又3/8×1又5/8英寸（3.5×4.3公分）
- SK Great Impressions牌花瓣紋路壓模
- 小剪刀
- 20號綠色鐵絲
- 22號綠色鐵絲
- 波斯菊粉紅色粉
- 奇異果綠色粉
- 淡粉紅色翻糖膏（美國惠爾通粉紅[Wilton Pink]）
- 綠色翻糖膏（美國惠爾通苔綠[Wilton Moss Green]和檸檬黃[Americolor Lemon Yellow]）

製作花朵

1. 將保麗龍花苞（Celbud2）黏在20號鐵絲上，晾乾。

2. 將淡粉紅色的翻糖膏擀薄，裁出三片3/4×7/8英寸（2×2.3公分）的花瓣，在海綿墊上用球形工具將邊緣擀薄，然後在花瓣紋路壓模上按壓。

3. 為所有花瓣的整個表面塗上糖膠。

4. 在保麗龍花苞上將花瓣黏成緊密的螺旋狀，務必要將保麗龍球的頂端隱藏起來。

5. 將花瓣向下撫平，讓花瓣完全貼平，形成緊密的花苞。

6. 裁出三片7/8×1英寸（2.3×2.5公分）的花瓣。在海綿墊上用球形工具將邊緣擀薄，然後在花瓣紋路壓模上按壓。輕捏每片花瓣外緣的中央頂端。繼續進行步驟7。

7. 將糖膠塗在花瓣內緣的下半部，將花瓣對準上一層花瓣之間的空隙，黏上花瓣，讓花瓣從中央稍微敞開。

8. 以同樣方式製作三層以上同樣大小的花瓣（如步驟6所述），黏在上一層花瓣之間並稍微張開。

9. 以同樣方式準備六片1又1/8×1又3/8英寸（3×3.5公分）的花瓣，並黏在花芯周

圍，部分等距，部分間隔較遠。這些花瓣會稍微重疊。重複同樣的步驟，再黏上第二組六片以上同樣大小的花瓣。

10. 以同樣方式準備六片1又3/8×1又5/8英寸（3.5×4.3公分）的花瓣，並黏在花朵底部周圍。

11. 為了製作有凹口的花瓣，請用剪刀在花瓣中央剪出小而圓的V字形，接著在紋路壓模上按壓，並用球形工具做出杯形。

12. 如步驟11所述，準備六片1又3/8×1又5/8英寸（3×4.3公分）的凹口花瓣，並黏在花朵底部周圍。

13. 在將山茶花晾乾的過程中，請用小紙片或泡綿將花瓣層隔開，以維持想要的間距。可將山茶花輕放在平坦的海綿墊上，正面向上地晾乾；也可以掛起晾乾，形成略為閉合的花朵。讓花朵完全乾燥。

14. 為山茶花進行最後修飾時，請將所有的紙片或泡綿移除。為所有的花瓣邊緣刷上淡粉紅色粉，小心地噴上蒸氣一會兒以定色（見「預備作業」）。待花朵乾燥後再行使用。

製作花苞

15. 將一個保麗龍花苞（和花芯同樣大小）黏在22號的鐵絲上，晾乾。以製作山茶花朵的同樣方式，製作前三片花瓣，然後黏成緊密的螺旋狀，以覆蓋保麗龍球。

16. 再製作三片7/8×1英寸（2.3×2.5公分）的花瓣，用球形工具將每片花瓣中央稍微拉長，然後再在花瓣紋理壓模上按壓。為整個花瓣表面塗上糖膠，然後以重疊但位置略低的方式黏在前三片花瓣上。用手指撫平，讓花瓣整齊地黏在花苞上。

17. 製作花萼，將綠色翻糖膏擀薄，並裁出六片1/2×1又5/8英寸（1×1.5公分）的花瓣。用球形工具擀薄，將糖膠塗在所有的花瓣表面上。黏上兩層花瓣，每層三片花瓣，在黏上第二層時，請將花瓣擺放在第一層花瓣之間但位置較低處，黏在花苞上。

18. 為山茶花苞刷上淡粉紅色，以便和花朵色調相稱，並為花萼刷上奇異果綠色粉。小心地噴上蒸氣一會兒以定色。待乾燥後再行使用。

小訣竅

可參考真正山茶花的照片，以作為花瓣排列和花朵飽滿度的靈感來源。有些山茶花非常對稱，有些的形狀則較為鬆散。如有需要，可使用凹口花瓣來打造整朵的山茶花。

櫻桃花與蘋果花

叫人如何不愛上它呢？在粉紅、白色和巧克力色的翻糖映襯下，小巧可愛的櫻桃花多麼討人喜歡！只以櫻桃花製成的小花束便非常出色，也可以單一的填充花形式置於混合的布置中。多做些小花苞吧！它們的製作非常快速而簡單，而且總是深受好評！

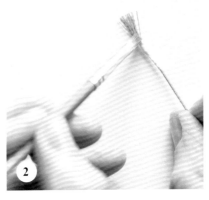

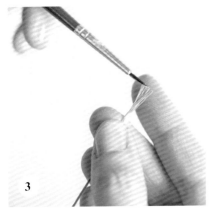

小訣竅

如果你的時間不夠，請使用粉紅棉線取代白色棉線作為花蕊，就可以跳過上色粉的步驟。若要製作更正規的櫻桃花品種，請使用暗色的勃艮第酒紅色棉線來製作花蕊。

所需特殊材料清單

- 黃色混合花粉（見「預備作業」）
- 花莖板（Celboard）（糖花專用工作板）
- Cakes by Design牌五瓣花切模，1又1/8英寸（3公分）
- Orchard Products牌花萼切模，5/8英寸（1.5公分）
- 棉線（白色）
- 26號綠色鐵絲
- 28號綠色鐵絲
- 波浪海綿墊
- 小剪刀
- JEM花瓣紋路塑型工具
- 葉片塑型工具
- 花藝膠帶（白色）
- 洋紅色粉
- 大波斯菊粉紅色粉
- 奇異果綠色粉
- 淡粉紅色翻糖（美國惠爾通粉紅[Wilton Pink]）
- 綠色翻糖（酪梨綠色[Americolor Avocado]和檸檬黃色[Americolor Lemon Yellow]）

花芯的製作

1. 用白色棉線在你的四根手指上纏繞十五圈。用剪刀將線圈一次剪開，形成長線條。將長線條剪成1英寸（2.5公分）的小段。用白色的半寬花藝膠帶將一條1英寸（2.5公分）的線段黏在26號綠色鐵絲上（見「預備作業」）。將線段修剪至1/2英寸（1公分）的長度。

2. 為線段和膠帶底部刷上洋紅色粉。剩餘1英寸（2.5公分）的線段亦重複同樣的步驟。

3. 在線段的末端點上糖膠。

4. 用末端沾取黃色的混合花粉（見「預備作業」），讓線段完全乾燥。

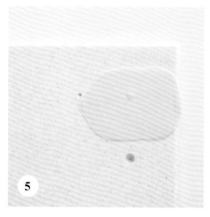

5

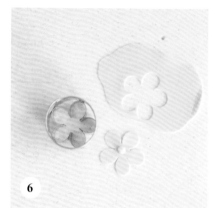

6

7

製作第一層花瓣

5. 在花莖板的中型洞上將淡粉紅色的翻糖擀開。

6. 將翻糖剝離，翻面，移至平面上，並裁出花朵形狀。

7. 在海綿墊上使用球形工具，將每片花瓣拉長1/4英寸（5公釐）。

8. 使用JEM花瓣紋路塑型工具，從每片花瓣的中央朝外緣滾動，為花瓣滾出紋路。

9. 用剪刀在每片花瓣中央剪出一個1/8英寸（3公釐）的微小切口。

10. 在海棉墊上，用球形工具將花瓣邊緣擀開，並用葉片塑型工具的寬邊將每片花瓣按壓兩次，形成杯形。

11. 在花瓣中央塗上少量的糖膠。

12. 將一個預先做好的花芯向下塞進花瓣的中央，直到花芯露出1/8英寸（3公釐）的膠帶。將花瓣底部向上摺起包住花芯，像棉紙般將膠帶藏起。

13. 輕搓花朵下方的翻糖，以附著在鐵絲上。用剪刀剪下多餘的翻糖膏，留下1/4英寸（5公釐）的花朵底部。

14. 將花朵正面向上，擺在波浪海綿墊上晾乾，讓第一層花瓣保持稍微張開。待花朵完全乾燥後再加上第二層花瓣。

製作第二層花瓣

15. 將淡粉紅色的翻糖膏擀至1/16英寸（2公釐）的厚度，並裁下花朵的形狀。

16. 如同第一層花瓣，將花瓣拉長並壓出紋路，在頂端邊緣裁出切口，在海綿墊上做出波紋和杯形，並在中央點上少量的糖膠。

17. 將花瓣向上插入鐵絲，黏在第一層花瓣背後，調整位置，讓第二層花瓣與第一層花瓣交錯排列，再掛起晾乾。

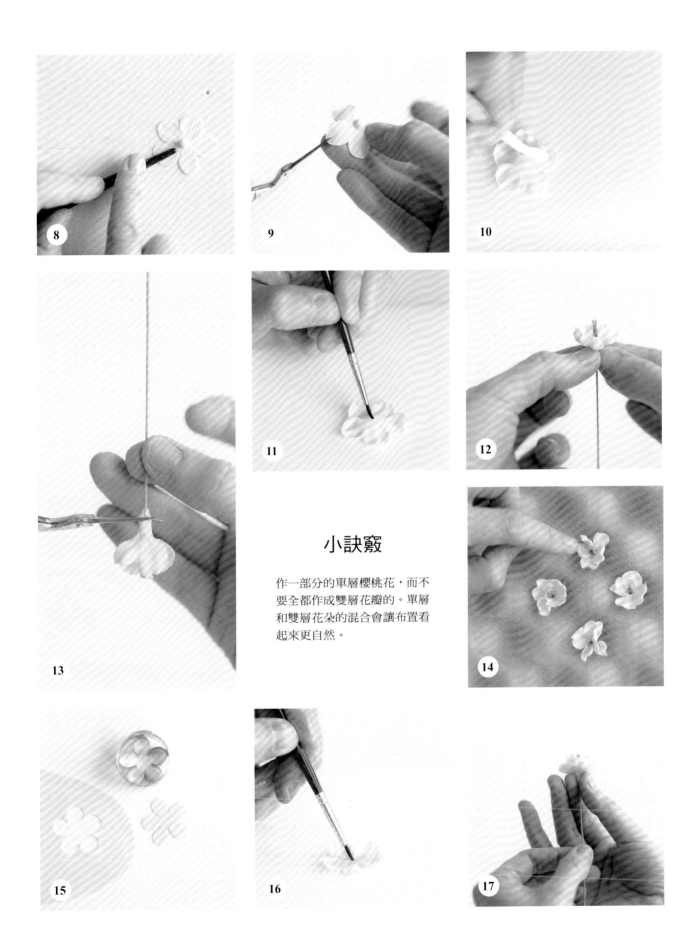

小訣竅

作一部分的單層櫻桃花,而不
要全都作成雙層花瓣的。單層
和雙層花朵的混合會讓布置看
起來更自然。

製作花苞

18. 搓出一個直徑約3/8英寸（8公釐）至1/2英寸（1公分）的淡粉紅色翻糖球，黏在帶鉤的28號鐵絲（見「預備作業」）上。讓翻糖球完全乾燥。

19. 將淡粉紅色翻糖膏擀至1/16英寸（2公釐）的厚度，並裁出花朵的形狀。用球形工具將花瓣壓出紋路，並讓每片花瓣的中央形成杯形。在所有花瓣上塗上糖膠。

20. 將花朵向上插入鐵絲中，一次用一片花瓣包覆花苞底部，將花苞上的花瓣撫平，直到貼上所有的花瓣。用手指撫平花苞底部任何的方形邊緣，形成圓滑的花苞形狀。

21. 如有需要，可再加上第二層花瓣，製成更大的花苞，但請讓部分的花瓣保持綻放。

製作花萼

22. 將綠色的翻糖膏擀薄至1/16英寸（2公釐）的厚度，裁下花萼的形狀。

23. 在海綿墊上一次處理三片花萼，用小型的球形工具將花萼片擀寬。

24. 用指尖將每片花萼的尖端捏尖。

25. 在花萼中央沾上少量的糖膠，在每朵花朵和花苞底部黏上一片花萼。靜置晾乾。

為花苞和盛開的花朵刷上色粉

26. 為花芯刷上洋紅色粉，為花朵邊緣刷上波斯菊粉紅色粉。為整個花苞刷上波斯菊粉紅色粉，接著在已加上花瓣的花苞頂端加上一點洋紅色粉。

27. 為花萼、花朵底部和花苞刷上奇異果綠色粉。小心地噴上蒸氣一會兒以定色（見「預備作業」），待完全乾燥後再行使用。

小訣竅

可以同樣的技巧來製作蘋果花，但改用白色翻糖膏來製作花朵和花苞，並沿用白色綿線。進行最後修飾時，請為花芯刷上奇異果綠色，並為部分的花朵邊緣和花苞中央刷上柔和的丁香紫色。

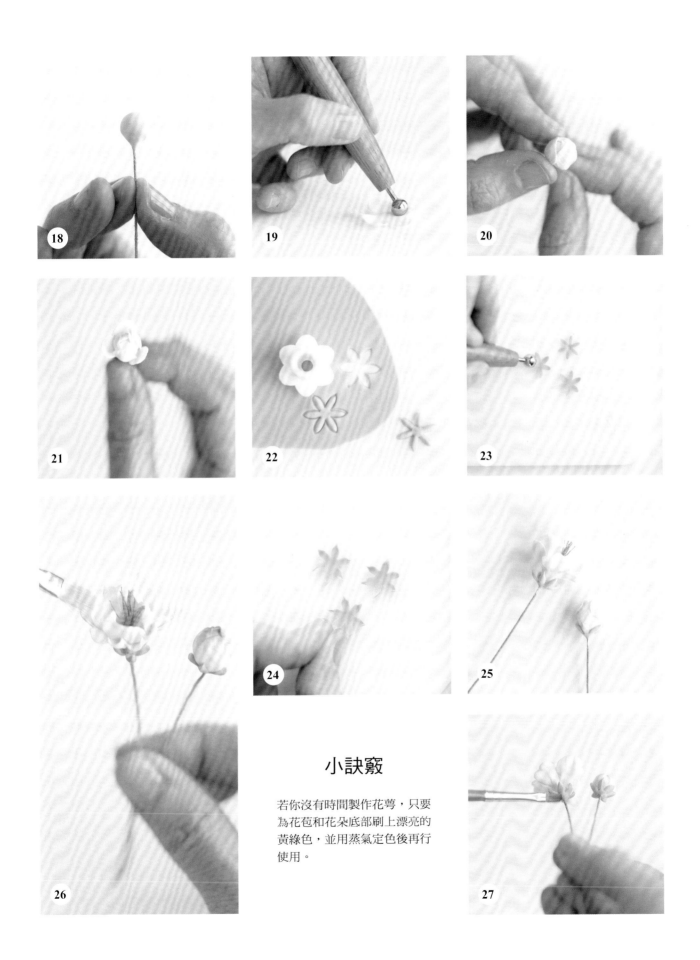

小訣竅

若你沒有時間製作花萼，只要
為花苞和花朵底部刷上漂亮的
黃綠色，並用蒸氣定色後再行
使用。

大波斯菊

魅力萬千的大波斯菊有多種漂亮的顏色，從深梅紅色和紫紅色，到純白色和最淡的粉紅色都有。細緻的黃色花芯讓色彩顯得更清新亮眼。大波斯菊是多功能的鐵絲花，可輕易用於花束中、作為設計中的焦點花朵，或是作為任何你喜愛的花朵旁的填充花。

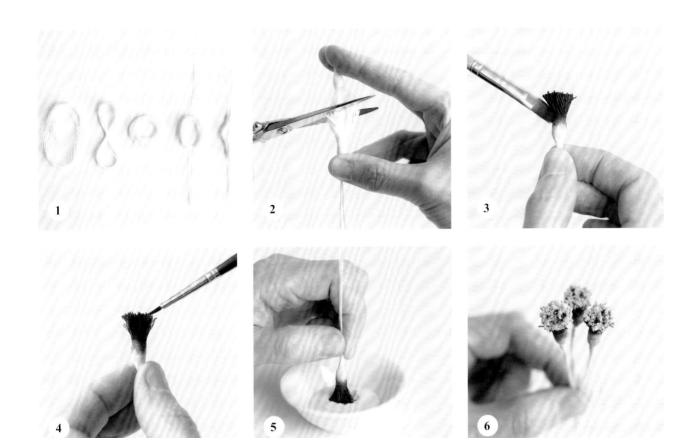

所需特殊材料清單

....

- 黃色混合花粉（見「預備作業」）
- 結實的白色聚酯纖維線
- Global Sugar Art 牌大波斯菊花瓣切模，1×5/8英寸（2.5×1.5公分）和1×1又1/2英寸（2.5×4公分）
- Sunflower Sugar Art 或 Sugar Art Studio 牌大波斯菊花瓣紋路壓模
- 30號白色鐵絲
- 24號白色鐵絲
- 花藝膠帶（白色和綠色）
- 花瓣整型工具
- 刀具
- 額外的刀片／刀具，作為模具（或類似功能）使用
- 茄紫色粉
- 波斯菊粉紅色粉
- 奇異果綠色粉
- 白色翻糖膏
- 淡粉紅色翻糖膏（美國惠爾通粉紅[Wilton Pink]）

花芯的製作

1. 在攤開的四根手指或5英寸（13公分）的紙板上纏繞結實的聚酯纖維線，形成一個5英寸（13公分）長的線圈。將線圈以八字形扭轉，接著對折，形成兩倍厚的較小線圈。將一根6英寸（15公分）長的白色鐵絲穿過線圈中央，將線圈朝中央折起，並緊緊扭轉線圈底部下方的鐵絲兩端。線圈的另一邊也重複同樣的動作。使用半寬的白色花藝膠帶將扭轉的鐵絲纏至極緊，並一直向上纏繞至線圈上方約1/4英寸（5公釐）處，讓線圈保持束起，就像「掃帚」的底部一樣。

2. 將線圈從中央剪下，形成兩個花芯。將線段修剪至3/8英寸（8公釐）的長度，並將頂端修剪至均勻平坦。

3. 為線段和膠帶底部刷上茄紫色粉。

4. 用小刷子為線段頂端沾上少量糖膠或葉片鏡面。

5. 用花芯的頂端沾取黃色混合花粉（見「預備作業」），用力按壓，讓花粉均勻覆蓋。

6. 用畫筆末端將線段稍微分開，讓部分的暗色線段露出。待花芯完全乾燥後再行使用。

為大波斯菊刷上色粉並加以組合

17. 用小平刷為花瓣的邊緣刷上中等彩度的波斯菊粉紅色粉，讓花瓣的中央保持原狀。若花朵下面有部分會露出，請在花朵背面的上半部加上一些色粉。

18. 使用半寬的綠色花藝膠帶，將第一片內花瓣黏在花芯上，以杯形的底部環抱棉線，花瓣的底部位於白色膠帶的上方。

19. 用膠帶將剩餘的三片內花瓣黏在花心周圍的同樣高度上，保持相等的間距。

20. 將第一片外花瓣擺在內花瓣後方的位置，用膠帶黏在兩片花瓣之間的空隙。外花瓣應幾乎平貼在內花瓣上。若外花瓣突出於花朵上，請將外花瓣稍微向下滑，然後再用膠帶貼起，讓花瓣層更為齊平。

21. 以同樣方式在花朵周圍貼上剩餘的三至四片花瓣，保持一定的間距。用花藝膠帶沿著鐵絲均勻地向下纏繞，形成單一的葉柄。

22. 小心地為花朵噴上蒸氣三至四秒，讓花瓣的色粉定色（見「預備作業」）。待乾燥後再行使用。

製作花苞

23. 搓出一顆直徑約3/8英寸（8公釐）至1/2英寸（1公分）的平滑白色翻糖球。整齊地黏在24號的帶鉤鐵絲上（見「預備作業」）。

24. 在翻糖球周圍，用刀具由上至下切出五個切口。讓翻糖球完全乾燥。

25. 為花苞底部刷上奇異果綠色粉，並為花苞頂端刷上淡粉紅色作為花朵的配色。小心地噴上蒸氣一會兒，讓色粉定色。待乾燥後再行使用。

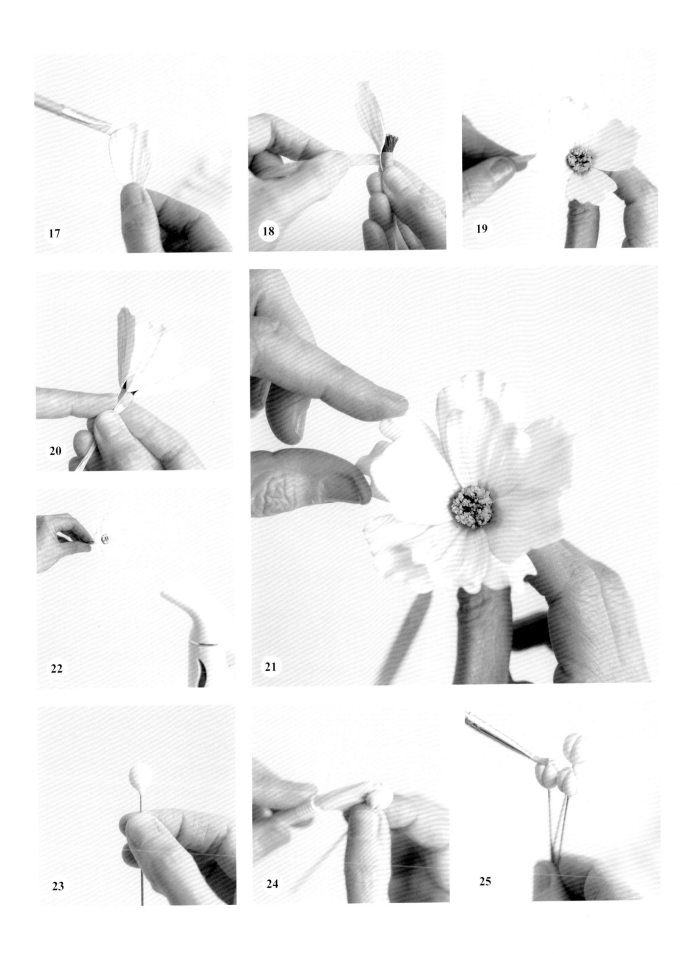

大理花

　　令人目不轉睛的大理花，單獨使用便可輕易地奪走大家的目光，但和其他的花朵混搭時亦有非常出色的效果。這裡的大理花是以個別的花瓣一片片製成，因此可依個人時間多寡量身打造。本書收錄了兩種製作大理花花芯及花苞的方法，其中一種也能用來製作花苞。變化超過四十種且顏色多到難以估算的大理花美到令人讚嘆，絕對值得你精心打造！

1

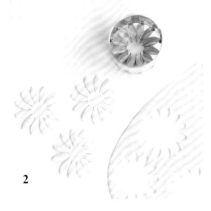

2

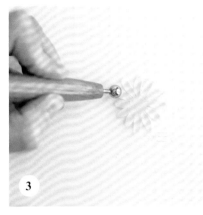

3

4

5

小訣竅

若想整齊地裁下雛菊的形狀，請用切模緊緊按壓翻糖膏，然後翻過來，用手指壓過每一片花瓣。若要將翻糖膏移開，便要用畫筆的圓端輕輕將每片花瓣推開即可。

所需特殊材料清單

- 5/8英寸（1.5公分）的保麗龍球
- 3/4英寸（2公分）的保麗龍球
- 20號綠色鐵絲
- 三種尺寸的Cakes by Design牌大理花瓣切模：1/2×1又1/4英寸（1×3.2公分）、5/8×1又7/8英寸（1.5×4.7公分）、7/8×2又3/4英寸（2.3×7公分）
- 兩種尺寸的Cakes by Design牌十二瓣雛菊切模：1又1/4英寸（3.2公分）、2又1/2英寸（6.5公分）
- Cakes by Design牌花萼用八瓣雛菊切模（隨意）：13.4英寸（4.5公分）
- 1英寸（2.5公分）的FMM牌花萼切模
- 花瓣整型工具
- 小剪刀
- 針筆
- 波斯菊粉紅色粉

- 洋紅色粉
- 奇異果綠色粉
- 水仙花黃色粉
- 淡粉紅色翻糖膏（美國惠爾通粉紅[Wilton Pink]）
- 綠色翻糖膏（美國惠爾通苔綠[Wilton Moss Green]和酪梨綠[Americolor Avocado]）

製作花芯

1. 用糖膠將一顆5/8英寸（1.5公分）的保麗龍球黏在20號的鐵絲上。晾乾。

2. 將淡粉紅色翻糖膏擀至1/16英寸（2公釐）的厚度，並裁出三片1又1/4英寸（3.2公分）的十二瓣雛菊形狀。

3. 在海綿墊上，一次處理一朵雛菊，用球形工具將每片花瓣擀薄並再拉長約1/4英寸（5公釐）。

4. 用花瓣整型工具將每片花瓣壓成杯形。

5. 用剪刀在雛菊中央剪出一個小小的「X」字形（這將有助花瓣在下一步驟中輕易地分開）。在花瓣和保麗龍球頂端塗上少量的糖膠。繼續進行步驟6。

6. 將雛菊向上插入鐵絲，輕輕將花瓣推至球的頂端，讓花瓣彼此交疊，並將球的頂端隱藏起來。以同樣方式製作並黏上第二朵雛菊，試著讓花瓣彼此交錯並排。不必擔心底部未受遮蓋。

7. 第三朵雛菊亦重複同樣的動作，但這次讓花瓣稍微張開。

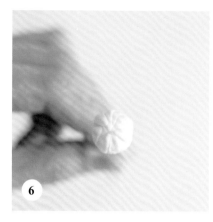

製作小型花瓣

8. 將翻糖擀薄至1/16英寸（2公釐）的厚度，並裁出二十片小型的大理花瓣。加蓋，以免乾燥。

9. 一次處理五片花瓣，在海棉墊上用球形工具將邊緣擀薄。用針筆沿著每片花瓣的中央向下製作紋路，根據花瓣的形狀在中央壓一次，左右各一次。

10. 用球形工具在邊緣製造律動感，並捏捏每片花瓣的頂端。

11. 在每片花瓣下半部的中央點上一小點糖膠。

12. 處理花瓣的下半部，將右邊朝中央摺起，然後蓋上左邊的花瓣，用手指輕搓後放開。

13. 在花芯下方塗上少量的糖膠，然後在花芯周圍等距黏上五片花瓣。從花芯上方1/4英寸（5公釐）至1/2英寸（1公分）處變換花瓣的高度。為了營造吸睛度，請將大多數的花瓣面向花芯擺放，但部分轉向側邊。在花芯周圍黏上十片花瓣，接著再回頭以剩下的十片花瓣填補空隙。晾乾三十分鐘後再加上中型花瓣。

製作中型花瓣

14. 一次處理五片花瓣，以製作小型花瓣的同樣方式，製作二十片中型花瓣。

15. 在花朵上黏上兩層，每層十片花瓣（先黏上十片花瓣，接著在花瓣之間的空隙黏上另外十片花瓣）。此階段的花朵可作為較小版本的大理花使用，尤其是當你需要各種大小的花來進行布置時。若要增加飽滿度，我會偷偷再加上額外一層的十片花瓣，然後再加上大型的大理花花瓣。

製作大型花瓣

16. 一次處理三片花瓣，以同樣方式製作十四至十六片大型花瓣，但這次請用針筆劃出五條紋路。如同小型和中型花瓣一樣，將花瓣折起和捲起，但讓花瓣的上半部或三分之二的部分保持張開。

17. 再度將花瓣以等距黏在花芯周圍，但請黏上兩層，每層七至八片花瓣。將花朵掛起晾乾，或是正面朝上，用面紙或海綿支撐著花朵和花瓣的方式晾乾。

18. 若大理花的底部會露出，請製作花萼，先將綠色翻糖膏擀薄至1/16英寸（2公釐）的厚度。裁出1又3/4英寸（4.5公分）的八瓣雛菊形狀，用JEM工具壓出紋路，接著以少量糖膠黏在花朵底部。晾乾。

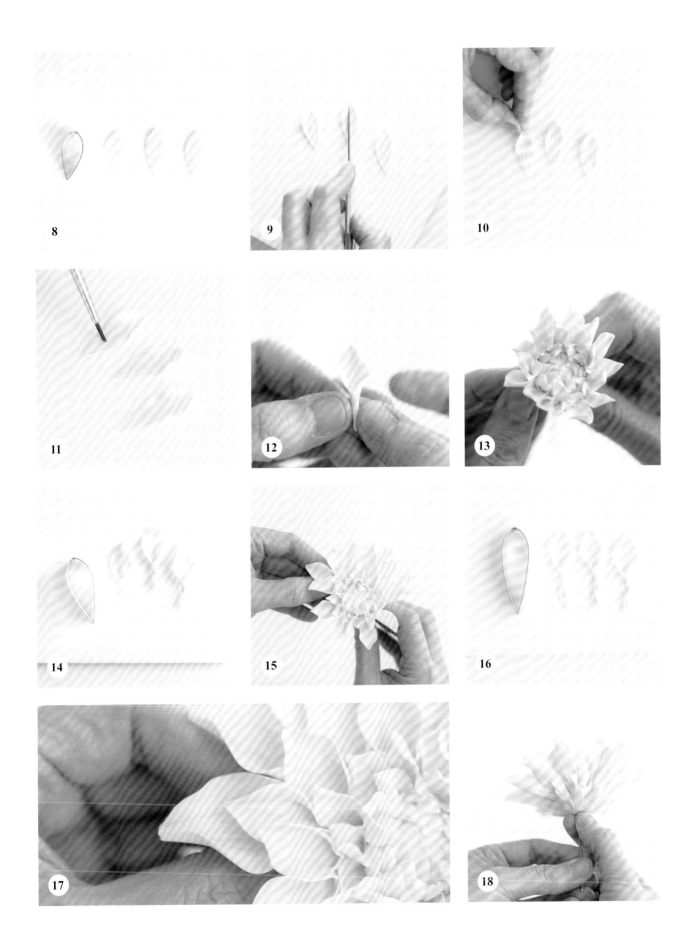

製作花苞

19. 用糖膠將3/4英寸（2公分）的保麗龍球黏在20號鐵絲上，待其乾燥。

20. 將翻糖擀薄至1/16英寸（2公釐）的厚度，並裁成四片2又1/2英寸（6.5公分）大小的十二瓣雛菊形狀。蓋起以免乾燥。

21. 一次處理一朵雛菊，在海綿墊上用球形工具先將花瓣擀薄，然後拉長1/4英寸（5公釐）。

22. 用針筆從外緣的尖端朝中間方向，在每片花瓣的中央輕輕壓出刻痕。

23. 將糖膠塗在每片花瓣中央，將一邊折起，捏一下尖端。

24. 將糖膠塗在花瓣的中央和底部，黏在保麗龍球周圍，將

花瓣靠攏，把保麗龍球的頂端隱藏起來。

25. 以同樣方式製作並添加剩餘三朵雛菊形翻糖片，或是直到形成你想要的花苞尺寸。若要製作較小的花苞，請將雛菊形翻糖片減少為二至三朵。

26. 為了製作花萼，將綠色翻糖擀薄，裁成2片1英寸（2.5公分）的花萼形狀。用球形工具將其中一片花萼稍微擀長，擀寬。用JEM工具輕輕壓出紋路，並用葉片塑型工具的寬端將部分壓出杯形。將糖膠塗在較小花萼整個杯形的表面上。將較大的花萼翻面，將糖膠只塗在中央。

27. 將小花萼黏在花苞底部，讓部分平順地貼在花苞上。黏上較大的花萼，讓杯形部分從花苞底部向下垂放。待乾燥後再上色粉。

小訣竅

利用前面製作花苞的技巧來打造大理花花芯，即黏了兩到三瓣的雛菊形狀花瓣後，開始加上小型及中型的大理花花瓣。

為大理花和花苞上色粉

28. 在花的中央刷上淡波斯菊粉紅色粉。

29. 在花朵中央的顏色中混入少量的洋紅色粉。為第一排花瓣的缺口刷上色粉，接著刷在所有中型和大型花瓣的尖端和外緣。

30. 花苞的部分，請為整個花苞刷上淡色的波斯菊粉紅。為淡粉紅混入少量的洋紅色，並刷在所有花瓣的尖端。為花萼刷上奇異果綠和少許的黃色。小心地為花朵和花苞噴上蒸氣一會兒以定色（見「預備作業」），待乾燥後再行使用。

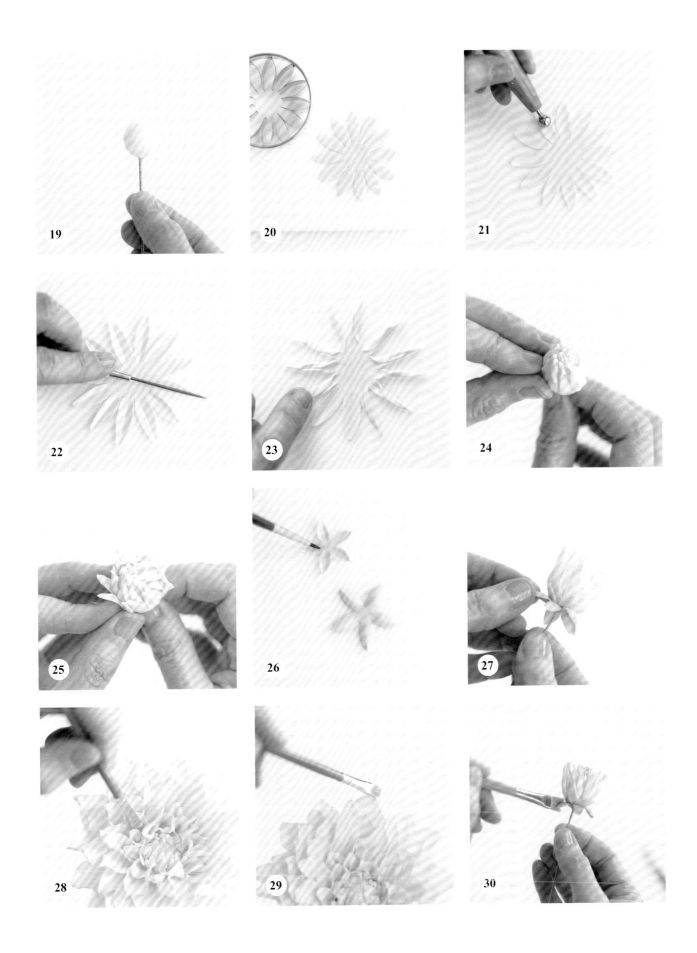

小蒼蘭

　　小蒼蘭是最受歡迎的婚禮花朵和花束，它美麗的莖上
帶有漏斗形的花朵和細緻的花苞。顏色從白色、黃色、粉
紅色、紅色到紫色都有，當這些花朵與其花苞黏在一起
時，能為布置增添美妙的韻味和視覺效果。我非常喜愛從
其他花朵之間探出頭來的小蒼蘭。小蒼蘭可以如圖示般以
完整的花莖展示，或是用作為漂亮的填充花。

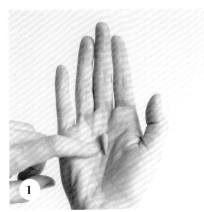 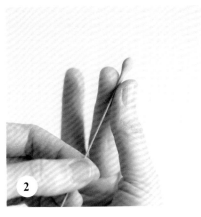 

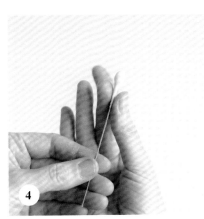 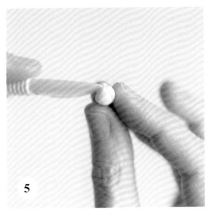 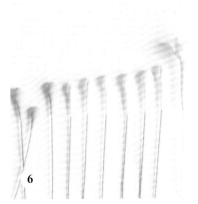

所需特殊材料清單

· Cakes by Design牌1又1/8英寸（3公分）的小蒼蘭花切模（六瓣盛開的花朵切模）
· 小的圓頭花蕊（白色）
· 黃色色膏與小刷筆
· 28號綠色鐵絲
· 26號綠色鐵絲
· 26號白色鐵絲
· 刀具
· 星形工具
· 翻糖專用迷你擀麵棍
· 小剪刀
· 花藝膠帶（綠色和白色）
· 晾花架
· 奇異果綠色粉
· 苔綠色粉
· 水仙花黃色粉
· 波斯菊粉紅色粉
· 白色翻糖
· 綠色翻糖（美國惠爾通苔綠色 [Wilton Moss Green]和檸檬黃 [Americolor Lemon Yellow]）

製作綠色花苞

1. 將1/4英寸（5公釐）的綠色翻糖球搓至平滑，接著將下半部搓成狹長的錐形，並保留頂端的球形。製成1/2英寸（1公分）至3/4英寸（2公分）長的花苞。

製作白色花苞

3. 搓出3/8英寸（8公釐）的白色翻糖球，接著同前，將下半部搓成狹長的錐形，頂端仍保留球形。製成3/4英寸（2公分）長的花苞。輕搓花苞頂端，使略呈錐形。

4. 將28號帶鉤鐵絲插入花苞底部，讓鉤子沒入最寬處的中央。同前，將錐形底部整齊地黏在鐵絲上。

2. 將28號帶鉤鐵絲穿入花苞底部（見「預備作業」），直到鉤子沒入最寬處的中央。用手指將錐形端撫平，讓花苞整齊地黏在鐵絲上。晾乾。為每根小蒼蘭花莖製作三個綠色花苞。

5. 用刀具在花苞頂端等距劃出三道刻痕。將花苞晾至完全乾燥。

6. 製作從3/4英寸（2公分）至1又1/4英寸（3.2公分）等不同等級大小的花苞，讓花莖上的花苞看起來像是逐漸長大，然後才開成花朵。為每根小蒼蘭花莖製作五個白色花苞。

製作花芯

7. 將六小條白色的圓頭花蕊從末端剪下。用半寬的白色花藝膠帶緊緊地纏繞26號白色鐵絲頂端三圈（見「預備作業」）。將六根花蕊黏在鐵絲上，用膠帶緊緊纏繞花蕊底部的1/2英寸（1公分）處，盡量不要使用過多膠帶，以免形成團塊。

8. 用小刷筆將黃色色膏沾在花蕊的頂端。待乾燥後再行使用。

製作花朵

9. 搓出5/8英寸（1.5公分）的白色翻糖球。

10. 用手指將一半的翻糖球搓成圓錐形，並用球形那端按壓掌心，形成巫師帽的形狀。

11. 用手指將帽形翻糖的「帽緣」按壓至形成約1/8英寸（3公釐）的厚度，並留下3/4英寸（2公分）長的寬頸部。

12. 用迷你擀麵棍將帽緣擀至1/16英寸（2公釐）的厚度，並讓花頸至邊緣的厚度保持平均。

13. 讓花頸位於切模中央，裁下花形。

14. 用剪刀將花頸底部的每片花瓣之間剪開。

15. 在海棉墊上處理花瓣內側，用球形工具輕輕地擀花瓣三次，將花瓣拉長，讓花瓣比原本長三分之一。請勿過度拉伸花瓣，否則花瓣將無法在組成花朵後維持形狀。

16. 用星形工具按壓花的中心，形成1/4英寸（5公釐）的開口。

17. 將少量糖膠塗在纏有膠帶的花朵中央。將鐵絲向下插入花朵中央，直到看不見膠帶為止。

18. 用手指將花朵下方搓至平滑，以維持漂亮的細長形狀，並讓花朵固定在鐵絲上。捏掉多餘的翻糖，務必讓花朵底部的尖端保持整齊潔淨。花頸的最終長度應介於1英寸（2.5公分）至1又1/4英寸（3.2公分）之間。繼續進行步驟19。

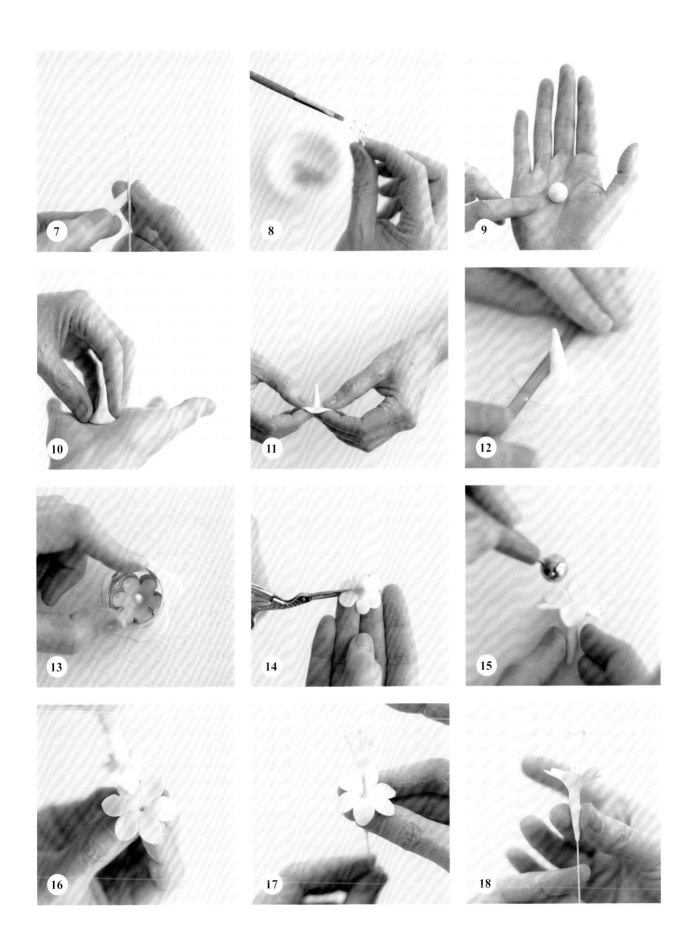

19. 將花朵倒置，用手指調整花瓣，讓三片花瓣更靠近花蕊，剩下三片較為張開。

20. 將花掛起，將花晾至完全乾燥。為每根小蒼蘭莖製作五朵花。

為花苞和花朵刷上色粉

21. 從花朵底部開始，向上為尖帽刷上奇異果綠色粉至四分之三的高度。在綠色色粉的上緣刷上水仙花黃色粉，並向上刷至花瓣下方。

22. 將水仙花黃色粉刷在花蕊底部周圍的花朵中心，接著將波斯菊粉紅刷在花瓣的上緣和下緣。

23. 為整個綠色花苞刷上奇異果綠和苔綠色的混合色粉。

24. 以花朵的同樣方式為白色花苞刷上色粉。先從花苞底部開始刷上奇異果綠，一直向上刷至花苞的四分之三處。將水仙花黃刷在綠色色粉的上緣，並向上刷至花苞最寬處的下方。在花苞頂端刷上波斯菊粉紅，讓部分的白色翻糖保持外露。為所有的花朵和花苞噴上蒸氣一會兒（見「預備作業」），待乾燥後再行使用。

組合花莖

25. 將三朵綠色花苞、五朵白色花苞和五朵花朵由小到大依序排開。

26. 使用半寬的綠色花藝膠帶，將最小的綠色花苞黏在已裁切至7英寸（18公分）的26號鐵絲末端（見「預備作業」）。

27. 用膠帶沿著鐵絲向下緊緊纏繞，預留1/4英寸（5公釐）的空間，然後再加入更大的綠色花苞。用膠帶整齊地纏繞花苞底部，將鐵絲覆蓋。

28. 繼續以同樣方式加入所有的綠色花苞和白色花苞，務必要保持相等且一致的間隔。花苞必須全排在同一邊上，就像「電線上的小鳥」一樣。

29. 將第一朵花黏在中央略偏左的位置，第二朵花黏在中央略偏右的位置。這讓花朵底部的間距可以與花苞保持一致，而且也讓花朵頂端的花瓣更有綻放的空間。

30. 用膠帶黏上剩餘三朵花，將第三朵花黏在中間，第四朵花同樣略為偏左，最後一朵花略為偏右。用膠帶一路沿著鐵絲向下黏貼，形成單一整齊的花莖。輕輕將花莖折彎，形成想要的形狀。

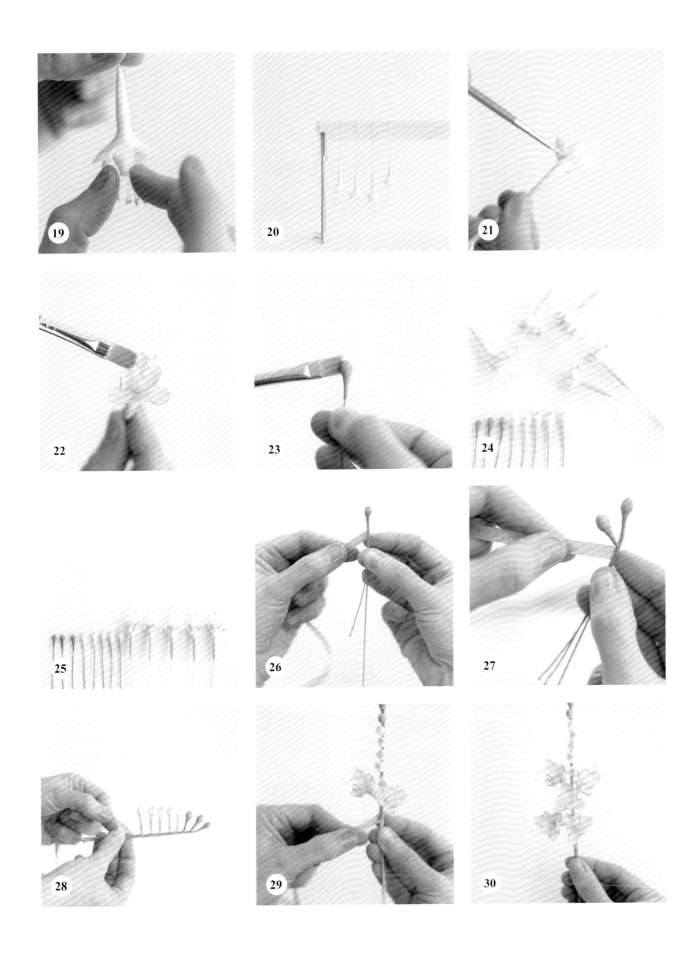

63

薰衣草

薰衣草花可讓布置提升高度,並讓顏色更亮眼。它是
蛋糕隔層花朵的細緻點綴,亦能以甜美緞帶花束側放在蛋
糕上。薰衣草最明顯的特徵就是令人驚豔的紫色調,但也
有白色和漂亮的藍色變種薰衣草。

1

2

3

小訣竅

一次處理五至七根花莖，一根
接一根地加上一團團新的花
瓣。如此可以有更多的乾燥時
間，並可降低花瓣滑下鐵絲的
風險。

4

所需特殊材料清單

....

- Orchard Products牌5/8英寸（1.5公分）的薰衣草花瓣切模（六瓣花朵切模）
- Orchard Products牌3/8英寸（8公釐）的薰衣草花萼切模（六瓣花朵切模）
- 26號綠色鐵絲
- 晾花架
- 薰衣草紫色粉
- 寶藍色粉
- 奇異果綠色粉
- 紫色翻糖（藍紫色[Americolor Violet]或惠爾通紫色[Wilton Violet]）
- 綠色翻糖（酪梨綠[Americolor Avocado]和檸檬黃[Americolor Lemon Yellow]）

製作花莖尖頂

1. 用老虎鉗以26號綠色鐵絲製作極小的閉合帶鉤鐵絲，並裁至7英寸（18公分）的長度。

2. 搓出極小的紫色翻糖球，黏在鐵絲上（見「預備作業」），只使用能整齊覆蓋鉤子的適量翻糖。晾乾數小時後再使用。

製作第一批花瓣

3. 將紫色翻糖擀薄至1/16英寸（2公釐）的厚度，用花瓣保護膜或PU膜蓋起以免乾燥。

4. 再裁下三至四片薰衣草花瓣的形狀，並同時處理完畢，讓花瓣在處理時仍保有彈性。繼續進行步驟5。

5. 為每片花瓣沾上少量的糖膠。

6. 將花瓣由下往上穿入鐵絲，黏在花莖尖端周圍，輕輕按壓，讓花瓣在底部周圍稍微閉合。

7. 以同樣方式黏上第二片花瓣，盡量讓花瓣的尖端交錯排列，以免兩片花瓣的頂端直接疊合。為增加變化，請製作部分僅以單片花瓣覆蓋花莖尖端的花莖，和部分帶有兩片花瓣的花莖。

製作額外的花瓣組

8. 製作新的薰衣草花團，為花瓣沾上糖膠，並向上插入鐵絲，在前一個花團下方約3/8英寸（8公釐）至1/2英寸（1公分）處停下。捏捏花瓣底部，將花瓣固定在鐵絲上。這是「支柱」花。讓支柱花乾燥至少15分鐘後再在下方堆上額外的花朵。

9. 再裁下幾片花瓣，並在中央塗上糖膠。一次將一片花瓣向上插入鐵絲，並黏在支柱花上，盡量讓尖端交錯排列，以免花瓣疊在一起。若要增加吸睛度，可變換每團花的花瓣數量，在每團花中使用一至四片花瓣。

10. 一次處理多根花莖，讓製作成團的花瓣和個別花莖之間有足夠的乾燥時間。過程中將它們掛在晾花架上，沿著鐵絲一路向下製作，然後再從頭開始。

11. 使用五至六團的花瓣來完成一根2又1/2-3英寸（6.5-7.5公分）長的花莖。

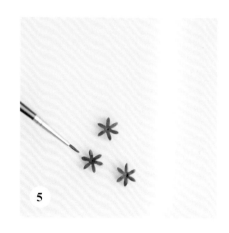

5

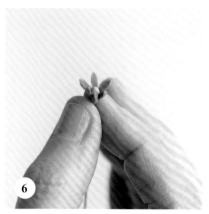

6

7

8

製作花萼（視個人需求加入）

12. 將淡綠色的翻糖擀至極薄，即約1/32英寸（1公釐）的厚度，並裁下花萼的形狀。

13. 使用小的球形工具或迷你糖花擀麵棒將花萼的萼片擀寬，接著用指尖將頂端捏尖。

14. 在花萼中央沾上極少量的糖膠，並將花萼向上滑入鐵絲，黏在薰衣草花莖的花瓣底部。用手指撫平並固定。待花莖完全乾燥後再刷上色粉。

為花莖刷上色粉

15. 為所有的花瓣刷上薰衣草紫色粉。

16. 為花瓣隨機刷上少許寶藍色粉以增加層次。

17. 在每團花瓣底部和花萼上刷上奇異果綠。噴上蒸氣一會兒以定色，待薰衣草花莖乾燥後再行使用。

18. 輕輕將花莖折出形狀後再用於布置中。

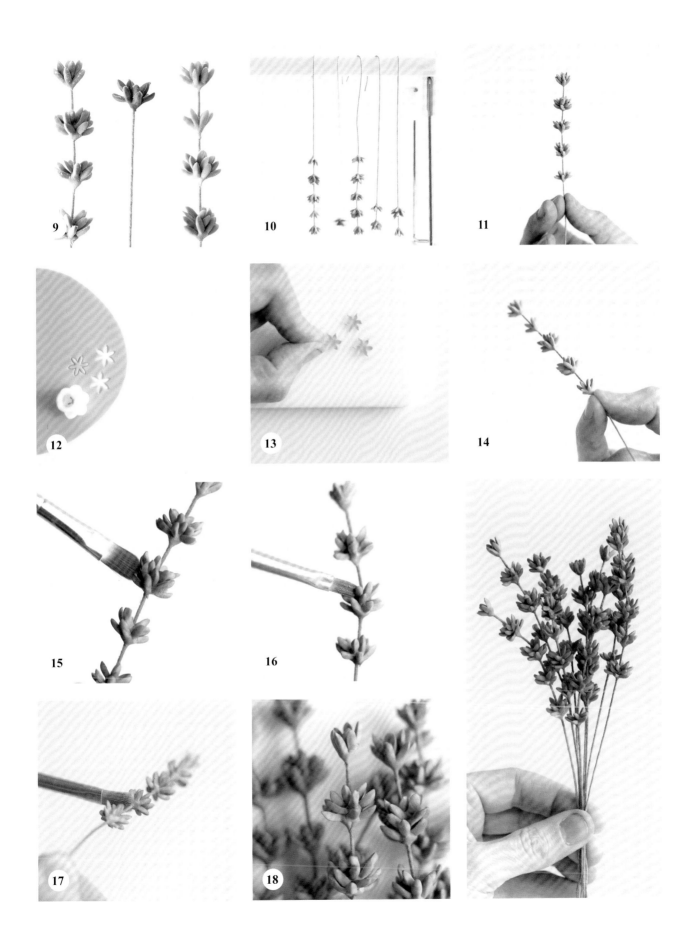

9

10

11

12

13

14

15

16

17

18

紫丁香

　　小巧的紫丁香是極佳的填充花！它們和許多美妙的顏色都很般配，包括柔和的粉紅色、藍色和薰衣草色系，但我發現它們和白色及深紫色的組合最美觀也最萬用。請製作不同開花期的紫丁香，包括從花朵、花苞到盛開的花，再將它們組合，以打造美不勝收的花束深度與結構。

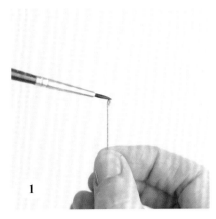

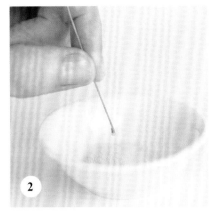

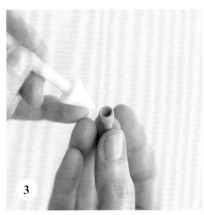

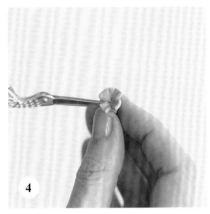

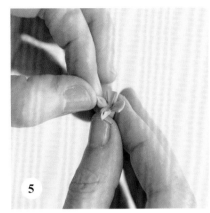

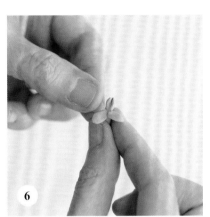

所需特殊材料清單

- 黃色混合花粉（見「預備作業」）
- 30號綠色鐵絲
- 錐形工具
- 小剪刀
- 刀具
- 葉片塑型工具
- 丁香紫色粉
- 藍紫色粉
- 紫晶色粉
- 花藝膠帶（綠色）
- 紫丁香色翻糖（藍紫色[Americolor Violet]和亮紫色[Americolor Electric Purple]）

製作花芯

1. 用老虎鉗在30號綠色鐵絲上製作閉合式鐵鉤，並裁至3英寸（7.5公分）的長度（見「預備作業」）。用刷子在鉤子尖端沾上極少量的糖膠。

2. 在鉤子尖端沾上黃色的混合花粉（見「預備作業」），待完全乾燥後再行使用。

製作盛開花朵

3. 將1/4英寸（5公釐）的極小丁香紫翻糖球搓成狹長的錐形。用錐形工具在頂端壓出開口。

4. 用剪刀將開口剪開，形成四片花瓣。

5. 用手指將花瓣末端捏尖。

6. 用大拇指和食指將花瓣用力壓平。繼續進行步驟7。

7. 用拇指和食指抓著花朵，用紋路塑型工具的寬邊按壓每片花瓣，在花瓣的邊緣形成皺摺，接著將工具從指尖移開，將花瓣拉長。

8. 用錐形工具按壓花朵中央，形成小開口。

9. 將預先做好的丁香花芯向下塞進花朵中央，直到將花粉藏進開口中。將鐵絲上的花朵底部撫平，整齊地固定。將花朵晾至完全乾燥。

製作半開花朵

10. 以製作盛開花朵的同樣方式開始製作半開花朵，也包括用拇指和食指將花瓣壓平的步驟。
接著在海棉墊上用小的球形工具按壓每片花瓣內側，讓花瓣形成杯形。用錐形工具的尖端按壓花朵中央，形成小開口。

11. 以製作盛開花朵的同樣方式，將預先做好的丁香花芯向下塞進花朵中央，直到將花粉藏進開口中。將鐵絲上的花朵底部撫平，整齊地固定。將花朵晾至完全乾燥。

製作花苞

12. 將3/16-1/4英寸（4-5公釐）的微小丁香花翻糖球搓成頂端為球形的細長錐形。

13. 將30號帶鉤綠色鐵絲插入底部（見「預備作業」），直到鉤子位於花苞最寬部位的中央。將鐵絲上的翻糖撫平以固定花苞。

14. 用刀具在花苞頂端周圍平均劃出四道刻痕。將花朵晾至完全乾燥。

為花苞和花朵刷上色粉

15. 為整個丁香花苞刷上丁香紫和紫晶色的混合色粉。

16. 從花瓣外緣朝中央方向為所有的丁香花刷上色粉，請盡可能避開黃色的花芯。在所有的花朵上使用數種不同的紫色色粉。當用膠帶將所有的花黏在一起時，這種輕柔的顏色混合可增添些許的立體感。噴上蒸氣一會兒以定色（見「預備作業」），待花朵乾燥後再行使用。

集結丁香花

17. 用半寬花藝膠帶（見「預備作業」）纏繞一圈，單純只將花苞和花朵每三朵黏成一束。三朵可以都是同一開花期的花（全為花苞或全為盛開的花），或是三朵為不同開花狀態的花（一朵花苞、一朵盛開的花、一朵閉合的花）。小束的花越多變，在將丁香花集結成大束花時看起來就越自然。

18. 用膠帶將三至五小束的花黏在一起，形成更大的花束，並持續加入更多的花，直到達成想要的大小。

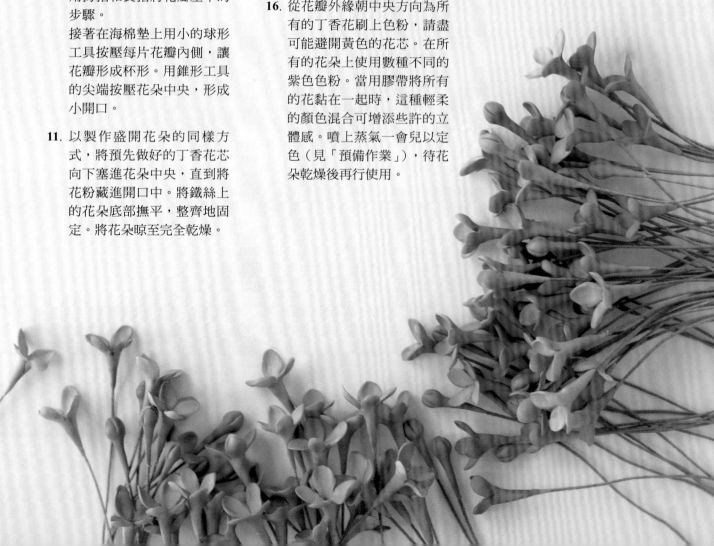

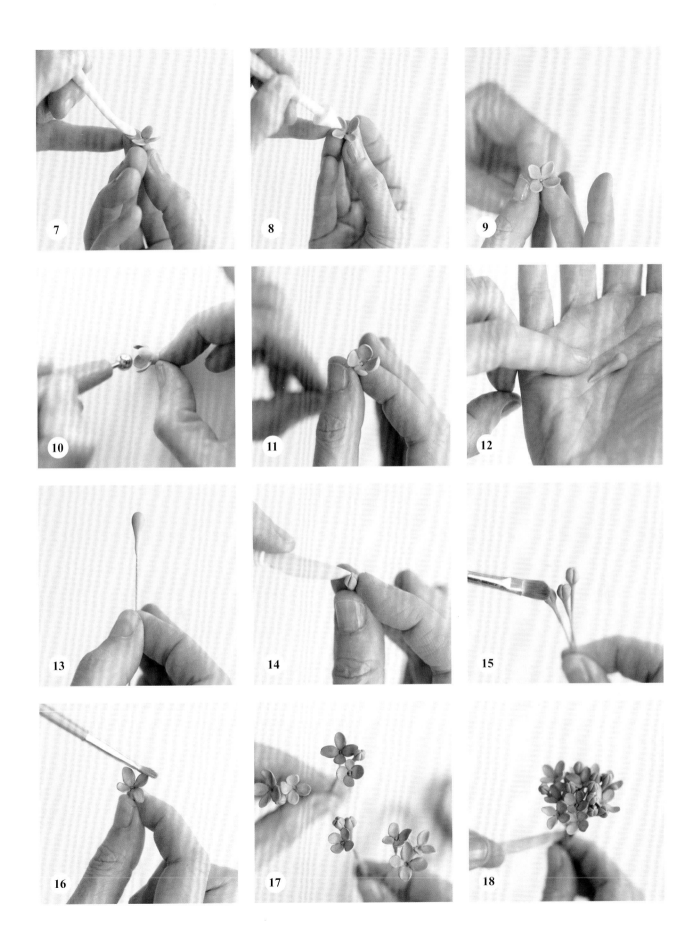

木蘭花

　　木蘭花因其乳白色的花瓣和翠綠色的葉片而有很高的辨識度，亦可作為優雅的展示花。這裡使用的顏色讓花看起來成熟優雅，但我會在花芯刷上一些我最愛的綠色，就能打造截然不同的風格。由於花瓣白淨簡單又容易製作，木蘭花可以快速組合成形，而雙色葉片則是完美的最後修飾。

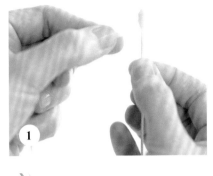

所需特殊材料清單

....

- 兩種尺寸的木蘭花瓣切模：2×2又 5/8英寸（5×7.3公分）、2又5/8× 3又1/2英寸（7.3×9公分）
- 20號白色鐵絲
- 26號白色鐵絲
- 花藝膠帶（白色和綠色）
- 小剪刀
- 蘋果包裝紙盤（小型花瓣模具）
- 中央有個1/4英寸（5公釐）小洞 的4又1/2英寸（11.5公分）的半 球形模具兩個
- 鋁箔紙（隨意）
- 奇異果綠色粉
- 水仙花黃色粉
- 橘色色粉
- 可可棕色粉
- 白色翻糖
- 淡米色翻糖（暖棕色[Americolor Warm Brown]）

製作花芯

1. 用老虎鉗製作20號閉合帶 鉤白色鐵絲（見「預備作 業」），接著用白色的半寬 花藝膠帶纏繞十二次，製作 小花苞。

2. 將7/8英寸（2.3公分）的淡 米色平滑翻糖球搓成蛋形。 接著用手指按壓底部，形成 略尖的V字形。

3. 用錐形花苞沾取糖膠，插進 翻糖中央。將翻糖的底部整 齊地固定在鐵絲上。

4. 用小剪刀剪翻糖，從底部一 路剪至頂端。剪出小而細 緻的開口，重疊且多層，讓 開口不要看起來過於一致。 亦在中央頂端剪出幾個小開 口。用手指或小工具將部分

剪出的翻糖片拉開，以增加 整體的和諧感。靜置二十四 小時，待完全乾燥後再行使 用。

5. 木蘭花花芯底部的三分之一 刷上淡綠色色粉，接著在花 芯剩餘三分之二處加上淡黃 色色粉。

6. 為花芯的上面三分之一刷上 橘色和棕色的淡色混合色 粉。用鐵絲輕敲桌邊，以去 除多餘的色粉。將花芯噴上 蒸氣一會兒以定色（見「預 備作業」），待完全乾燥後 再行使用。若想製作更深色 的花芯，可再加上額外的顏 色。若加上更多的顏色，請 於噴上第二次蒸氣後再加上 花瓣。

製作小花瓣

7. 在糖花工作板上將白色翻糖擀至1/16英寸（2公釐）的厚度。勿將翻糖擀得過薄（薄到可以看透），因為木蘭花以其厚度和如蠟般的花瓣著稱。

8. 將翻糖擀至高於溝槽處，裁下小花瓣，於花瓣背面形成僅約3/4英寸（2公分）長的溝槽。這樣的長度已足以插入鐵絲，但最重要的是，完成的木蘭花瓣背面不會因溝槽過長而帶有陰影，只會看起來光滑優雅，且看不出用糖花工作板製作的痕跡。

9. 以26號白色鐵絲沾取糖膠，然後插入溝槽中，整齊地固定（見「預備作業」）。

10. 用擀麵棒輕輕擀幾下，將花瓣擀開。

11. 處理花瓣的背面，在海綿墊上用球形工具將邊緣擀薄。

12. 讓花瓣正面朝上，擺在略呈杯形的蘋果包裝紙盤上，晾至完全乾燥。每朵花請製作三片小花瓣。

製作大花瓣

13. 在糖花工作板上將翻糖擀至1/16英寸（2公釐）的厚度。用背面最小的溝槽裁下大片花瓣的形狀（如同步驟8）。用26號白色鐵絲沾取糖膠，插入溝槽中，整齊地固定。在海綿墊上，用球形工具將花瓣背面的邊緣擀薄。

14. 輕輕將鐵絲從花瓣底部朝花瓣背面的方向折彎90度。背面朝下，擺在4又1/2英寸（11.5公分）的半球形模具上晾乾，將鐵絲向下插入中央的洞中。將花瓣撫平以貼合模具的形狀。務必為模具撒上少許玉米澱粉（玉米粉），以免翻糖沾黏。若花瓣末端高於模具邊緣，請在後方塞入一小片紙片，以免產生皺褶或翻折。每朵花製作六片大型花瓣。

15. 亦可選擇製作更盛開且邊緣捲起的花瓣，以同樣方式打造花瓣，但擺在已用擀麵棒塑型的鋁箔模具上晾乾。

組合木蘭花

16. 用綠色半寬花藝膠帶（見「預備作業」）纏繞花芯底部二至三次。用膠帶將三片小花瓣貼在花芯周圍，一次貼上一片，並保持一定間距。

17. 用膠帶貼上前三片大花瓣，讓花瓣位於第一層內花瓣之間的開口。

18. 用膠帶貼上最後三片大花瓣，讓花瓣位於第前一層外花瓣之間的開口。用膠帶沿著鐵絲一路向下黏貼，形成單一整齊的花莖。

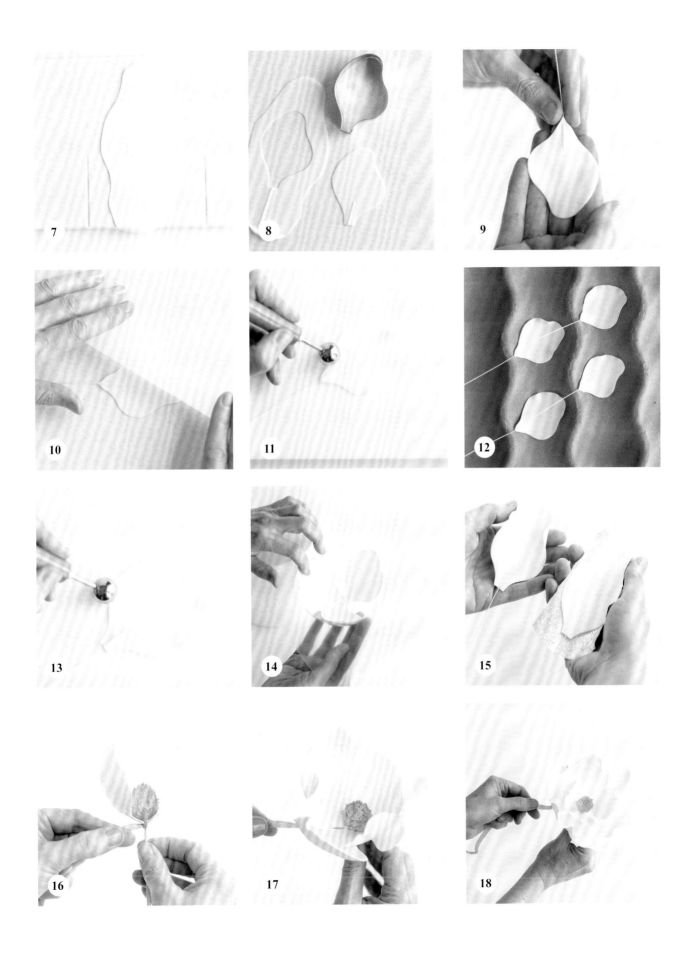

牡丹

　　牡丹是你必學的翻糖花造型！我在此分享的技巧，對入門者而言是很好的開始，但我鼓勵你可以透過變換花瓣的大小和修飾方式，打造出符合個人設計美學的版本。盛開的牡丹有兩種版本，一是個別以鐵絲串起的波浪狀，二是平滑花瓣狀，在你用其他花朵搭配牡丹進行布置時，可視需要小心地移動花瓣位置。此外，閉合的牡丹更是令人喜愛，我往往將這種花詮釋為即將綻放的華麗花瓣球。

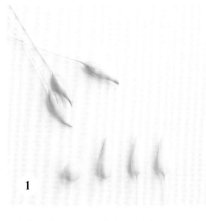

1

3

2

4

小訣竅

顏色的巧妙運用可讓你的雌蕊和牡丹更加協調。若你用較深的顏色來製作花瓣，就用同一個顏色稍微加一點在雌蕊末端，讓整朵花看起來更一致。

盛開的牡丹

所需特殊材料清單

- 四種尺寸的玫瑰花瓣切模：1又1/2×1又7/8英寸（4×4.7公分）、1又7/8×2又1/8英寸（4.7×5.3公分）、2×2又3/8英寸（5×6公分）和2又1/4×2又5/8英寸（5.5×6.7公分）
- 波浪牡丹花瓣用Sugar Art Studio牌XL號花瓣壓模
- 中央帶有1/4英寸（5公釐）孔洞的2又1/2英寸（6.5公分）半球形模具
- 魅力牡丹（Charm peony）用的SK Great Impressions牌玫瑰花瓣壓模
- 2英寸（5公分）和2又3/8英寸（6公分）的保麗龍球（每種5至6顆）
- 黃色花芯（中型百合頭或錘頭）
- 28號和30號白色鐵絲
- 含蠟牙線
- 花藝膠帶（綠色）
- 奇異果綠、大波斯菊粉紅、水仙花黃、桃紅和乳黃色色粉
- 綠色（酪梨綠色[Americolor Avocado]）和淡粉紅色（美國惠爾通粉紅[Wilton Pink]）和淡桃紅色（美國惠爾通淡桃紅[Wilton Creamy Peach]）的翻糖

製作花芯

1. 製作雌蕊，將3/8英寸（8公釐）的綠色小翻糖球搓成7/8英寸（2.3公分）的錐形。黏在28號帶鉤的白色鐵絲上，將錐形底部整齊地固定在鐵絲上（見「預備作業」）。用刀具從錐形向上三分之一，在底部周圍劃出三道等距的刻痕。用手指將尖端輕輕捲起。晾乾。為每朵牡丹製作三根雌蕊。為整根雌蕊刷上柔和的綠色色粉，並在尖端加上少許粉紅色。噴上蒸氣一會兒以定色（見「預備作業」），待乾燥後再行使用。

2. 使用半寬花藝膠帶（見「預備作業」），將三根雌蕊從底部下方黏在一起，並沿著鐵絲一路向下纏繞膠帶，形成單一花莖。

3. 取一小團約二十五根的黃色雄蕊，用含蠟牙線黏在雌蕊的梗上，緊緊纏繞三次固定。將牙線綁在雌蕊底部正下方，以免雌蕊和雄蕊之間出現任何空隙。雄蕊的頂端應略高於雌蕊。

4. 在梗的周圍再等距黏上三至四團的雄蕊，或是黏至到達想要的飽滿度。黏上每團雄蕊時，務必要用牙線緊緊纏繞三次，然後再加上下一團雄蕊。繼續進行步驟5。

5. 加上所有的花蕊後，從雌蕊的底部開始，用半寬花藝膠帶向下纏至雄蕊的中央位置，將花蕊和花莖緊緊纏繞在一起。

6. 用銳利的剪刀將花蕊末端修成尖錐形，以減輕重量，接著繼續用膠帶向下纏繞整束花蕊，形成單一俐落的花莖。

7. 小心地將雌蕊周圍的雄蕊打開並攤開，讓雄蕊均勻分布。想要的話，亦可為雄蕊末端刷上黃色色粉，以加深顏色。將牡丹中心噴上蒸氣一會兒（見「預備作業」），晾乾後，再加入波浪狀或魅力牡丹花瓣來完成花朵的製作。

製作波浪狀的牡丹花瓣

8. 使用小型、中型和大型的玫瑰花瓣切模來製作牡丹花瓣。在此使用的切模尺寸為：1又1/2×1又7/8英寸（4×4.7公分）、1又7/8×2又1/8英寸（4.7×5.3公分）和2×2又3/8英寸（5×6公分）。在糖花工作板上將淡粉紅色翻糖擀薄，裁下小花瓣，在海綿墊上用球形工具將邊緣擀

薄。用30號鐵絲沾取糖膠，插入溝槽至約1/2英寸（1公分）的深度。

9. 用剪刀從花瓣頂端剪下一個小小的圓V形。

10. 在壓模上按壓鐵絲花瓣。

11. 在海綿墊上用小的球形工具輕輕將花瓣上緣壓至形成波浪狀，如圖所示，務必讓花瓣的側邊和底部保持平順。

12. 用球形工具沿著花瓣上緣按壓三至四下，壓出杯形。

13. 從花瓣底部將鐵絲朝花瓣背面的方向輕輕折成九十度角。背面朝下，擺在2又1/2英寸（6.5公分）的半球形模具中，將鐵絲向下插入中央的洞中。用手指將花瓣撫平，讓花瓣貼合模具的杯形。用手指將部分花瓣上緣稍微向內捲起，接著將花瓣晾至完全乾燥。

14. 為每朵花製作五片小花瓣、九片中型花瓣和五片大花瓣。如有需要，可用塑型工具或其他的小物撐著較大花瓣的背面，以免花瓣向後捲起。

組合波浪牡丹花瓣

15. 將十九朵乾燥的牡丹花瓣依下列順序擺在面前：四片中型花瓣、五片大花瓣、五片中型花瓣和五片小花瓣。用半寬花藝膠帶將第一片中型花瓣黏在花莖上，讓花瓣底部與雌蕊底部對齊。

16. 再用膠帶在花蕊周圍等距地黏上三片中型花瓣，形成第一層花瓣。

17. 接著用膠帶為花黏上五片大型花瓣，一次黏上一片，讓花瓣底部在第一層花瓣下方保持齊平。讓花瓣在花朵周圍保持一定間距。

18. 再用膠帶在花朵周圍等距黏上五片中型花瓣，整齊排列，並在大花瓣之間重疊。

19. 最後用膠帶在花朵周圍等距黏上五片小花瓣，整齊排列，並在中型花瓣之間重疊。加上所有的花瓣後，用膠帶沿著鐵絲一路向下纏繞，形成單一花莖。

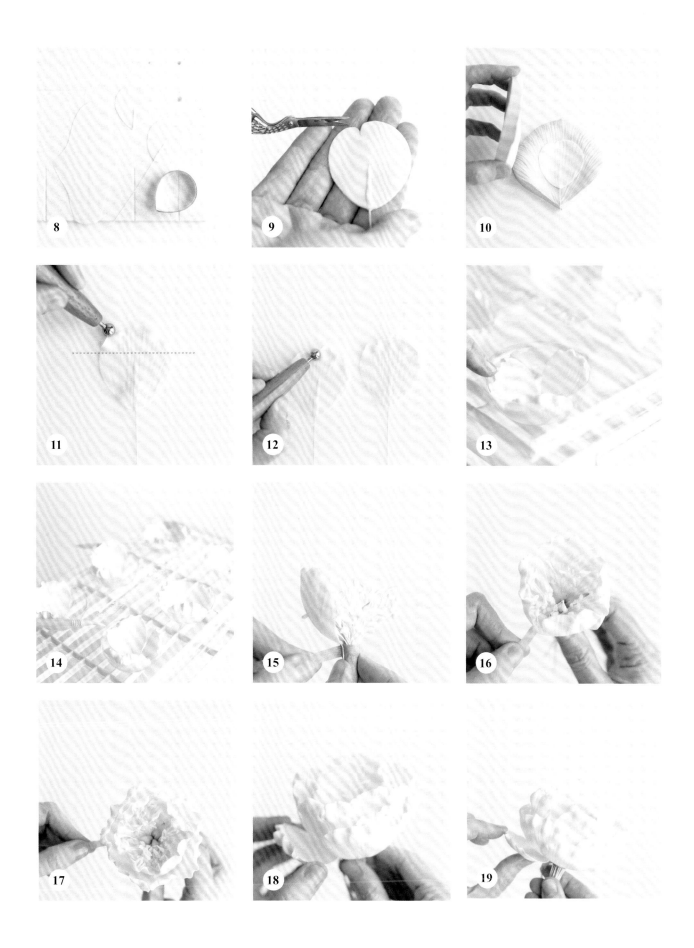

為波浪狀牡丹刷上色粉

20. 用平刷輕輕地在牡丹花瓣的邊緣刷上粉紅色粉。

21. 用軟毛的圓刷，隨機在花瓣底部和露出的邊緣刷上一點顏色。輕輕將花瓣打開，蒸一會兒以定色。待花瓣完全乾燥後再行使用。

製作魅力牡丹花瓣

22. 使用小型、中型、大型和超大型的玫瑰花瓣切模來製作牡丹花瓣。在此使用的大小為1又1/2×1又7/8英寸（4×4.7公分）、1又7/8×2又1/8英寸（4.7×5.3公分）、2×2又3/8英寸（5×6公分）和2又1/4×2又5/8英寸（5.5×6.7公分）。在翻糖工作板上將淡桃紅色翻糖擀薄，並裁出一小片花瓣。在海綿墊上用球形工具將邊緣擀薄。以30號鐵絲沾取糖膠，插入溝槽中（見「預備作業」）。將花瓣底部固定在鐵絲上，並在壓模上按壓鐵絲花瓣。

23. 在花瓣的背面，用剪刀在花瓣底部靠近並平行鐵絲的位置剪出一個1/2英寸（1公分）的小切口，形成一個小垂片。

24. 將花瓣鋪在一個2英寸（5公分）的保麗龍球上，用手撫平，讓花瓣服貼在球上。將翻糖小垂片朝鐵絲摺起，緊貼在鐵絲上，讓花瓣底部也能緊貼在球上。繼續用手指撫平，直到整片花瓣平貼在球上。擺在一旁晾乾。

25. 準備五至七片四種尺寸的花瓣，使用2英寸（5公分）和2又3/8英寸（6公分）的保麗龍球作為模具。在較大的球上放上較小的花瓣，會形成較不明顯的杯形。將較大的花瓣擺在較小的保麗龍球上，則會形成較明顯的杯形。這兩種花瓣可以有多種組合變化，並為魅力牡丹的花型賦予飽滿度和生動姿態。

組合魅力牡丹

26. 按照步驟1-7，製作牡丹花芯。如同波浪版本的牡丹花，使用半寬花藝膠帶將五至六片中型花瓣黏在雄蕊周圍，讓花瓣底部與雌蕊底部對齊。

27. 接下來，用膠帶將六至七片大型和超大型的混合花瓣黏在花朵上，一次黏一片花瓣，並讓花瓣底部在第一層花瓣下保持同樣高度。將花瓣等距地黏在花朵周圍，部分花瓣以幾乎重疊的方式分層擺放，以增加些許的飽滿度。

28. 用膠帶將五、六片以上的中型花瓣等距地黏在花朵周圍。

29. 用膠帶將一些小型花瓣黏在花朵底部周圍，以形成漂亮的形狀。

30. 用平刷輕輕為牡丹花瓣上緣刷上桃紅色和乳黃色的混合色粉。再用軟毛圓刷在花瓣的底部和外露的側邊隨機加上一點顏色。輕輕將花瓣打開，噴上蒸氣一會兒以定色。待完全乾燥後再行使用。

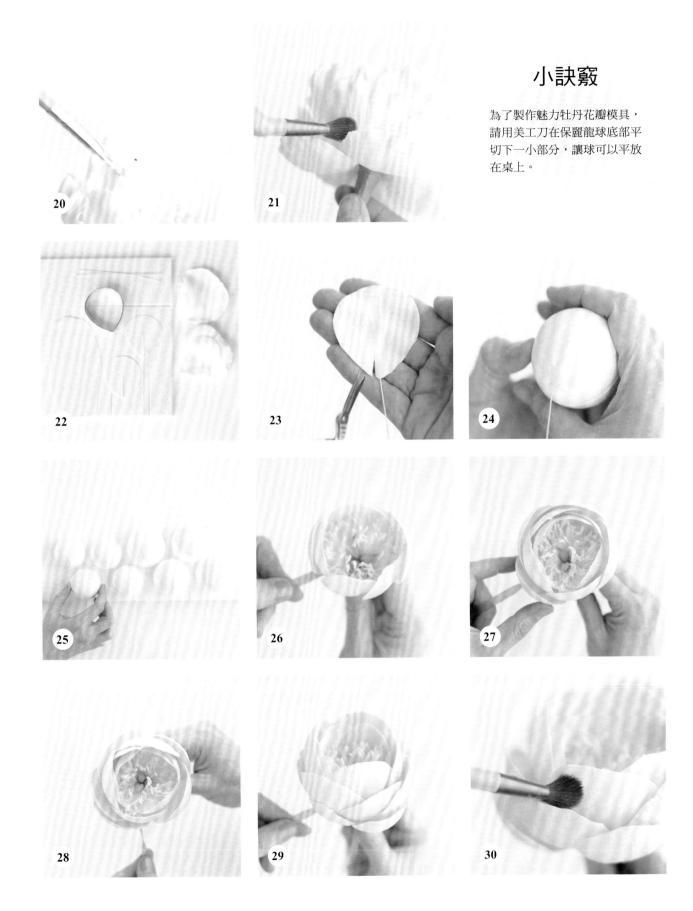

20

21

22

23

24

25

26

27

28

29

30

牡丹花苞

所需特殊材料清單

- 1又1/2英寸（4公分）的保麗龍球
- 20號綠色鐵絲
- 兩種尺寸的玫瑰花瓣切模：1又7/8×2又1/8英寸（4.7×5.3公分）和1又1/8×1又7/8英寸（3×4.7公分）
- JEM牌花瓣紋路塑型工具
- 波斯菊粉紅色粉
- 苔綠色粉
- 淡粉紅色翻糖膏（美國惠爾通粉紅色[Wilton Pink]）
- 綠色翻糖膏（美國惠爾通苔綠[Wilton Moss Green] 和檸檬黃[Americolor Lemon Yellow]）

製作花苞

31. 將1又1/2英寸（4公分）的保麗龍球黏在20號的鐵絲上，晾乾。

32. 將淡粉紅翻糖擀薄，並裁下兩片1又7/8×2又1/8英寸（4.7×5.3公分）的花瓣。在海綿墊上用球形工具將邊緣擀薄，接著擀幾下將花瓣中央拉長。用JEM花瓣紋路塑型工具輕輕按壓花瓣，形成紋路。

33. 將糖膠刷在花瓣的整個表面上，將花瓣兩兩相對黏在保麗龍球上，讓花瓣的頂端重疊，將球的頂端隱藏起來。將花瓣撫平，服貼於球上。

34. 再以同樣方式製作三片花瓣，以等距黏在球上，彼此重疊，但讓第一層花瓣的尖端露出。

35. 將綠色翻糖擀薄，並裁下三片1又1/8×1又7/8英寸（3×4.7公分）的花萼，用JEM花瓣紋路塑型工具輕輕按壓，形成紋路。

36. 為所有的花萼片塗上糖膠，平均地黏在花苞周圍，讓末端在鐵絲上交會，並將所有可能外露的保麗龍球部分隱藏起來。用指尖將花萼撫平，以貼合球的形狀。晾至完全乾燥。

37. 配合牡丹花，為花瓣刷上相同顏色。為花苞頂端的花瓣交會處刷上略暗的色階。

38. 為花萼刷上苔綠色粉，接著只在邊緣刷上一點波斯菊粉紅色粉。噴上蒸氣一會兒以定色（見「預備作業」），待花苞完全乾燥後再行使用。

閉合的牡丹

所需特殊材料清單

- 2英寸（5公分）的保麗龍球
- 18號綠色鐵絲
- 1又1/2英寸（4公分）圓形切模
- 1又1/2×1又3/4英寸（4×4.5公分）的 Cakes by Design牌圓齒形牡丹花瓣切模
- JEM牌花瓣紋路塑型工具
- 外層花瓣用的2英寸（5公分）杯形模具
- 兩種尺寸的玫瑰花瓣切模：1又7/8×2又1/8英寸（4.7×5.3公分）、1又1/8×1又7/8 寸（3×4.7公分）
- 波斯菊粉紅色粉
- 苔綠色粉
- 淡粉紅色翻糖（美國惠爾通粉紅[Wilton Pink]）
- 綠色翻糖（美國惠爾通苔綠[Wilton Moss Green] 和檸檬黃[Americolor Lemon Yellow]）

製作閉合的牡丹

1. 將2英寸（5公分）的保麗龍球黏在18號的鐵絲上，晾乾。用1又1/2英寸（4公分）的圓形切模在球上壓出痕跡，再用銳利的刀將頂端切下。

2. 用美工刀沿著圓圈的邊緣進行切割，並如圖示將中央的「X」形部位切下，裁至3/4英寸（2公分）的深度。用小湯匙將保麗龍的四個區塊挖出，在保麗龍球的頂端形成一個洞。

3. 將淡粉紅色翻糖擀至極薄，裁下11片大小為1又1/2×1又3/4英寸（4×4.5公分）的圓齒狀牡丹花瓣。用花瓣保鮮膜或PU膜蓋起以免乾燥。

4. 同時處理四片花瓣，用JEM花瓣紋路塑型工具在堅硬的平面上將花瓣壓出紋路，接著在海綿墊上用球形工具沿著花瓣上緣壓出杯形。繼續進行步驟5。

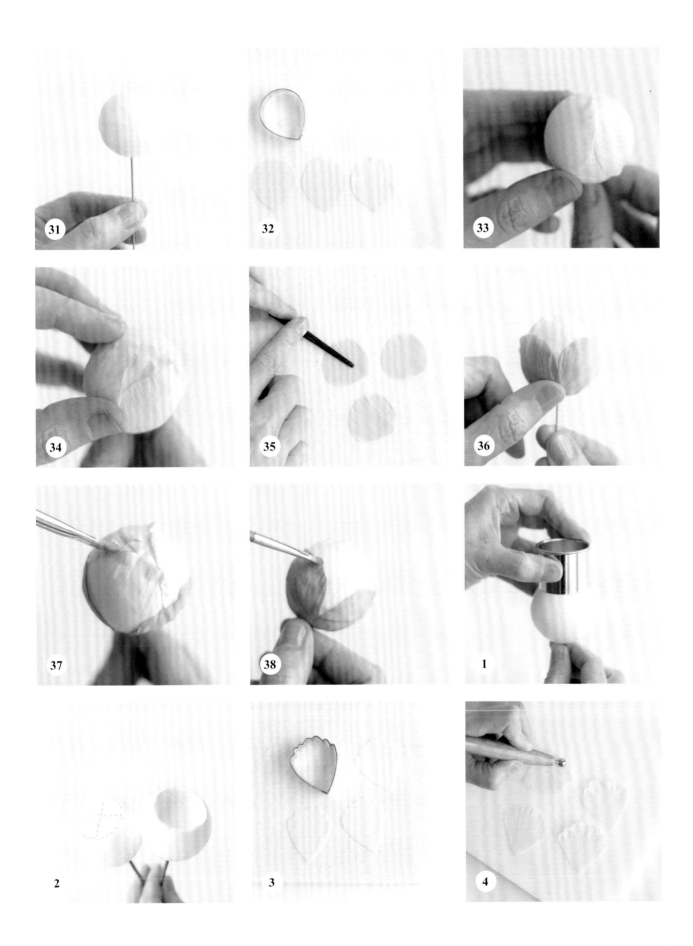

5. 在四片花瓣背面塗上糖膠，然後擺入保麗龍球的洞中，讓花瓣重疊，並讓杯形的花瓣邊緣落在洞口頂端邊緣之上。如有需要，可用壓平工具輔助將花瓣按壓定位。

6. 另外四片花瓣也重複同樣的步驟，將它們擺在先前的花瓣之上，並置於同樣的高度，再將洞口稍微填滿。勿將花瓣擺得過於完美和緊密，些微的雜亂反而看起來更自然。

7. 以同樣方式製作最後三片花瓣，包括壓出紋路和將上緣壓出杯形。這次在花瓣中央沾上少許糖膠，將中間捲起並擠壓，但不要動到細緻的杯形上緣。將花瓣下面三分之一去掉。

8. 在花瓣底部塗上少量糖膠，用這些花瓣將剩餘的洞填滿。用修整工具的末端協助按壓並將花瓣定位，避免將任何花瓣的上緣壓平。若有空隙，可依需求製作額外的花瓣。花芯應看起來飽滿，但仍保有細緻度。

9. 將淡粉紅色翻糖擀薄，再裁下五片同樣的花瓣，以同樣方式製作，包括將上緣壓出紋路並壓成杯形。

10. 在花瓣正面塗上糖膠，但避開杯形邊緣。在保麗龍球周圍等距黏上花瓣，用杯形邊緣將開口頂端的邊緣隱藏起來。將花瓣撫平，以貼合球形。

11. 製作外層花瓣，將淡粉紅色翻糖擀薄，並裁下五片1又7/8×2又1/8英寸（4.7×5.3公分）的玫瑰花瓣。在堅硬的平面上，用JEM花瓣紋路塑型工具將花瓣壓出紋路來。

12. 在花瓣底部剪出3/14英寸（2公分）的切口，將每片花瓣擺在2英寸（5公分）的杯形模具中，將翻糖剪開的尾部交疊，以貼合杯形。用手指將花瓣撫平，稍微晾乾，直到定型即可。

13. 在花瓣內緣的左右側塗上糖膠，並平均地黏在球的周圍，讓花瓣頂端處於同樣的高度，或是比中央花瓣略低的位置。

14. 重複同樣的步驟，再製作五至六片同樣大小的花瓣。在花瓣內緣的左右側塗上糖膠，黏在花朵周圍作為第二層，和第一層花瓣交錯排列，但仍貼近保麗龍球的周圍。想要的話亦可再加上額外的花瓣，將它們黏在略低的位置，或是讓這幾片花瓣更張開一點。

15. 視個人需求，可依82頁的步驟35-38的同樣方式，用1又1/8×1又7/8英寸（3×4.7公分）的玫瑰花瓣切模為牡丹花苞製作花萼，並黏在花苞上。若你不想加上花萼，但保麗龍球略為露出，可用相同顏色的翻糖裁出如花瓣般的小小圓形，並用少量的糖膠黏在花苞上。晾乾。

16. 用漂亮的淡粉紅色製作閉合的牡丹時，不需要添加太多的顏色。可為中間的花瓣上緣刷上淡粉紅色粉，更凸顯花瓣。為花萼刷上苔綠色粉，並在邊緣加上一些粉紅色。為牡丹噴上蒸氣一會兒以定色，待乾燥後再行使用。

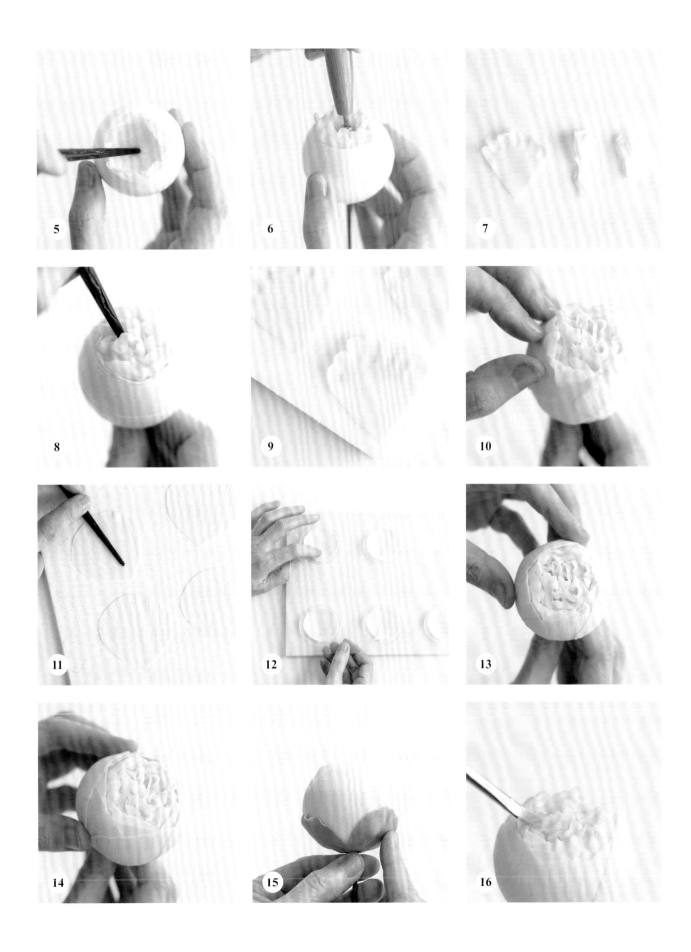

蝴蝶蘭

蝴蝶蘭是最受歡迎的蘭花之一，它顏色千變萬化，包括粉紅和紫色，我最愛的仍是白色花瓣搭配花芯的跳色組合。即便每朵花都以七個組件構成，但它們製作起來還是遠比看起來要容易多了！一次取用一個組件，最後搭配起來時將會非常美麗。蝴蝶蘭垂掛在蛋糕側邊的姿態，是最完美的裝飾；另外也可加在繡球花和其它填充花之上，既簡單又時髦。

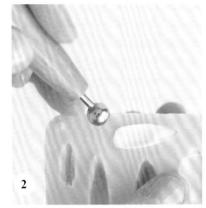

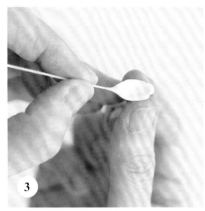

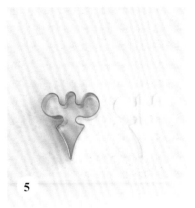

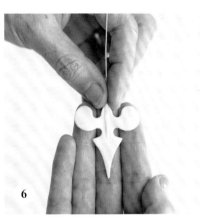

所需特殊材料清單

....

- Cakes by Design 牌蘭花蕊柱模
- SK Great Impressions 或 Sugar Art Studio 牌蘭花花芯切模
- SK Great Impressions 或 Sugar Art Studio 牌蘭花花瓣切模與壓模
- SK Great Impressions 或 Sugar Art Studio 牌蘭花萼片切模與壓模
- 竹籤
- 波浪海綿墊
- 花藝膠帶（白色）
- 紅色色膏與細毛刷筆
- 30 號白色鐵絲
- 22 號綠色鐵絲
- 水仙花黃、洋紅色和奇異果綠色粉
- 白色翻糖
- 淡黃色翻糖（檸檬黃色 [Americolor Lemon Yellow]）
- 淡綠色翻糖（酪梨綠色 [Americolor Avocado]）

製作花芯

1. 將白色小翻糖球壓入蘭花蕊柱模的凹槽中。勿將模型完全填滿，請保留少許空間，以利進行下個步驟。

2. 使用小的球形工具按壓翻糖，在蕊柱前三分之二的部分壓出凹洞來。

3. 將 30 號帶鉤鐵絲穿入蕊柱後三分之一的部分，並將蕊柱底部整齊地固定在鐵絲上（見「預備作業」）。晾至完全乾燥。

4. 在糖花工作板上將白色翻糖擀至適當的厚度，約 1/16 英寸（2 公釐）左右。

5. 將翻糖翻面，讓溝槽面朝上，裁下蘭花花芯的形狀，讓少部分的溝槽露出。

6. 將 30 號白色鐵絲插入溝槽中，並在底部整齊固定。繼續進行步驟 7。

7. 在花瓣壓模上輕輕按壓蘭花花芯，以添加淡淡的紋理，但請避開尖端部分。

8. 將花芯擺在海綿墊上，溝槽向下。用球形工具將蘭花花芯的左右兩片壓出杯形。

9. 用剪刀將尖端向下朝中央部分剪開，在即將到達最寬處時停止。

10. 用竹籤（或是牙籤、針筆）將兩條尖端朝中央捲起。

11. 將蘭花花芯擺在杯形泡棉上晾乾。晾至完全乾燥。

12. 搓出兩顆極小的黃色翻糖球，作為唇瓣。用糖膠將它們黏在一起，接著再黏至蘭花花芯上。晾至完全乾燥後再刷上色粉。

製作花瓣

13. 在糖花工作板上將白色翻糖擀至適當的厚度，並如圖所示，裁下帶有最小溝槽的花瓣形狀。這可預防鐵絲的陰影從花瓣中透出。

14. 將30號白色鐵絲插入溝槽中，整齊地固定在花瓣底部。在海綿墊上用球形工具將花瓣邊緣擀薄。

15. 在花瓣壓模上按壓鐵絲花瓣。

16. 花瓣可以平放或略呈杯形的方式乾燥，或是在下方塞入少許面紙或泡棉，以增加律動感。請為每朵蘭花製作兩片花瓣。

製作萼片

17. 在糖花工作板上將白色翻糖擀至適當的厚度，並如圖所示，裁下帶有最小溝槽的萼片形狀。

18. 插入30號白色鐵絲，整齊地固定在萼片底部。在海綿墊上用球形工具將萼片邊緣擀薄。繼續進行步驟19。

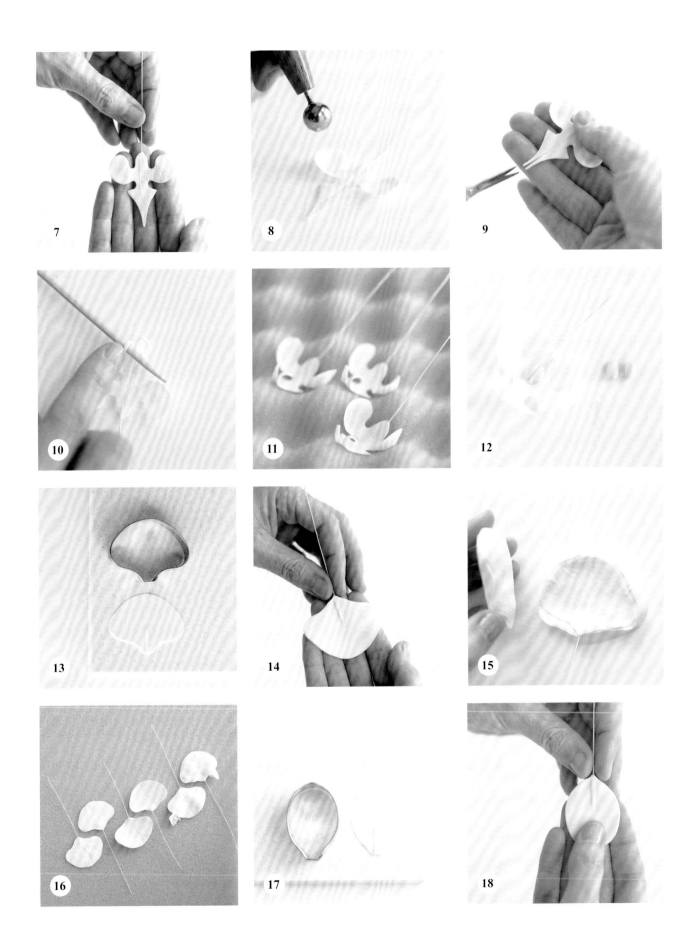

19. 在蘭花萼片壓模中按壓鐵絲萼片。

20. 很重要的是，晾乾時要讓萼片和花瓣形狀保持一致，否則用膠帶黏起時會不相稱。如果你想將兩片花瓣平放晾乾，或是製造些許律動感，就也讓萼片平放晾乾，或是讓萼片正面向下，擺在略呈杯形的花朵模具上晾乾，讓萼片能夠朝背離花瓣的方向稍微捲起。若你將花瓣晾乾，杯形面向自己，那麼也請以同樣方式將花萼晾乾。請為每朵花製作三片萼片。

為蘭花上色粉並進行組裝

21. 在蘭花花芯的中央刷上黃色色粉，讓色粉覆蓋至唇瓣及其兩側。

22. 為蘭花花芯所有的邊緣和頂端刷上深粉紅或洋紅色色粉。

23. 用極小的刷子或牙籤的末端，為唇瓣加上紅色色膏小點，要點至蘭花中心。

24. 為蕊柱的正面刷上粉紅色粉。為蕊柱的背面和底部的一部分刷上黃色色粉。用紅色色膏在蕊柱的杯形底部加上小點。將小點晾乾。

25. 使用半寬白色花藝膠帶，將蕊柱和花芯緊緊黏在一起。小心地噴上蒸氣一會兒以定色（見「預備作業」）。乾燥後再加入花瓣和萼片。

26. 用膠帶將兩片花瓣黏在花芯的左右兩側。

27. 用膠帶黏上三片萼片，一次黏一片，將萼片黏在兩片花瓣背後等高的位置，並形成三角形。在頂端黏上一片萼片，讓萼片從兩片花瓣之間露出，接著再黏上兩片萼片，一片從左側，另一片從右側，讓萼片從其他花瓣下方探出頭來。用膠帶沿著鐵絲一路向下黏貼，形成單一花莖。

製作花苞

28. 將淡綠色的翻糖小球搓至平滑，整齊地固定在22號帶鉤的綠色鐵絲上。

29. 使用刀具從花苞的頂端朝底部的方向，在小球周圍劃出三道等距的刻痕。將花苞晾至完全乾燥。

30. 在花苞的刻痕刷上奇異果綠色粉，並在花苞頂上加上一點粉紅色（或是其他可以搭配花朵的顏色）。噴上蒸氣一會兒以定色（見「預備作業」），乾燥後再行使用。

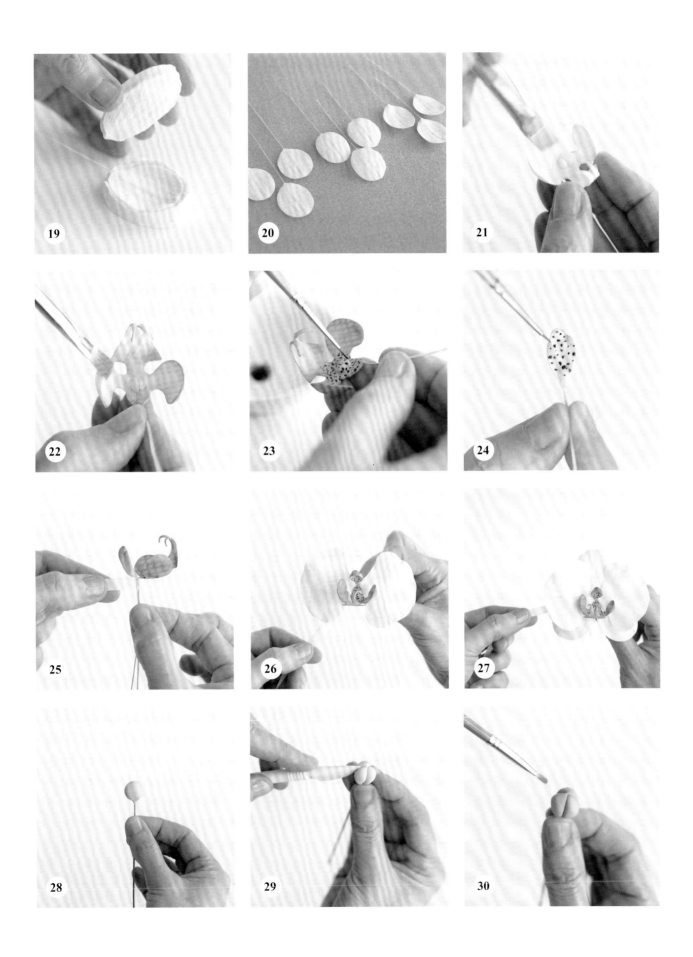

毛茛花

可愛的毛茛花是春季的寵兒,有多層的細緻花瓣,以及中央醒目
的綠色花芯。標準大小的花朵是以五至六層花瓣打造而成。關鍵在
於多練習花瓣的製作和黏貼方式,如此一來,當你有時間實作並創造
時,你便能輕易打造出這類花朵的基本型。你可以製作一朵完全綻放
的毛茛花作為迷你蛋糕上的重點花,或是製作樣式較一致的多朵毛茛
花,擺在蛋糕上方的布置也不顯得突兀。

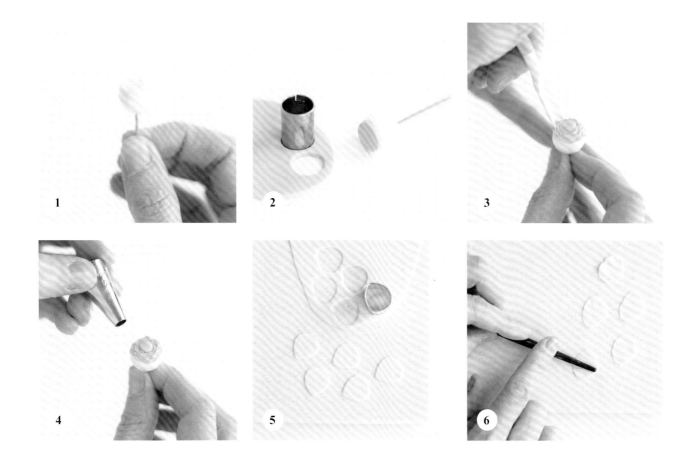

1

2

3

4

5

6

所需特殊材料清單

- 5/8英寸（1.5公分）的保麗龍球
- 20號綠色鐵絲
- 1/2英寸（1公分）的圓形切模
- 10號圓型擠花嘴
- 扇貝塑型工具
- 四種尺寸的Cakes by Design牌金屬玫瑰花瓣切模（輕輕按壓，將頂端邊緣壓平）：1/2×5/8英寸1×1.5公分）、3/4×7/8英寸（2×2.3公分）、1×1英寸（2.5×2.5公分）和1又1/4×1又1/4英寸（3.2×3.2公分）
- JEM牌花瓣紋路塑型工具
- 1又7/8英寸（4.7公分）的Cakes by Design或Sunflower Sugar Art牌花萼切模
- 波斯菊粉紅色粉
- 奇異果綠色粉
- 苔綠色粉
- 淡綠色翻糖（酪梨綠[Americolor Avocado]）
- 淡粉紅色翻糖（美國惠爾通粉紅 [Wilton Pink]）

製作花芯

1. 將5/8英寸（1.5公分）的保麗龍球黏在20號綠色鐵絲上，用美工刀將保麗龍頂端約三分之一的部分切下，形成1/2英寸（1公分）的平面。

2. 將綠色翻糖擀至1/8英寸（3公釐）的厚度，並裁下1/2英寸（1公分）的圓形。在圓形翻糖上塗上糖膠，黏在保麗龍球的平面上。

3. 用扇貝塑型工具隨機按壓圓形周圍和翻糖外緣，讓壓痕重疊，便能形成多層花瓣的外觀。

4. 用10號圓頭擠花嘴的末端用力按壓翻糖中央，形成凸起的圓。讓中央乾燥數小時後再加上花瓣。

製作花瓣

5. 將淡粉紅色翻糖擀至1/16英寸（2公釐）的厚度，並裁下五片最小尺寸的花瓣，即1/2×5/8英寸（1×1.5公分）的大小。

6. 在堅硬的平面上，用JEM花瓣紋路塑型工具將花瓣壓出紋路。繼續進行步驟7。

7. 在海棉墊上使用球形工具，從花瓣中央開始往外畫圈至花瓣邊緣，將每片花瓣壓成杯形。

8. 將花瓣翻面並靜置一會兒，直到定型。

9. 沿著花瓣內左右側的邊緣塗上少量V字形的糖膠。在略高於花芯約1/4英寸（5公釐）處，等距黏上五片花瓣，並將最後一片花瓣的邊緣塞入第一片花瓣下方。

10. 重複同樣的步驟，用五片同樣大小的花瓣黏上第二層，將第一片花瓣擺在同樣的高度，重疊在第一層花瓣交會處。以等距黏上剩餘的花瓣，將最後一片花瓣的邊緣塞進第一片花瓣下方。

11. 用3/4×7/8英寸（2×2.3公分）尺寸的切模製作五片花瓣，用來打造第三層。在黏上這些花瓣時，請黏在同樣的高度，但稍微打開一點，為不同層的花瓣製造空間。此階段的花亦可直接作為花苞使用。

12. 重複同樣的步驟，再黏上一圈同樣大小的花瓣，用六片花瓣黏上第四層，進行時將花瓣稍微打開。

13. 用1×1英寸（2.5×2.5公分）大小的切模製作六片花瓣，打造第五層。可使用1又1/4×1又1/4英寸（3.2×3.2公分）大小的切模製作較大片的花瓣，用六至七片花瓣加上第六層。每一層花瓣應再稍微打開。

14. 製作盛開的花朵，要再做五片相同大小的花瓣，用來打造更緊密的花或是再大一號尺寸的花瓣，可形成更明顯綻放的花朵。隨機地將花瓣黏在花朵較低的位置並打開，或是黏在相同的高度，但張得很開（見圖17與18）。

製作花萼（視個人需求加入）

15. 將綠色翻糖擀薄，裁出1又7/8英寸（4.7公分）的花萼形狀。在海綿墊上用球形工具將花萼的最寬處壓成杯形。在花萼中央和頂端塗上糖膠。

16. 將花萼黏在花朵或花苞的底部，用手指撫平。晾至完全乾燥。

為毛茛花刷上色粉

17. 為花芯刷上奇異果綠。從花芯向外刷至第一或第二層花瓣上。為花萼刷上苔綠色，並在花朵底部塗上少許綠色。

18. 為花瓣上緣刷上波斯菊粉紅。噴上蒸氣一會兒以定色（見「預備作業」），待乾燥後再行使用。

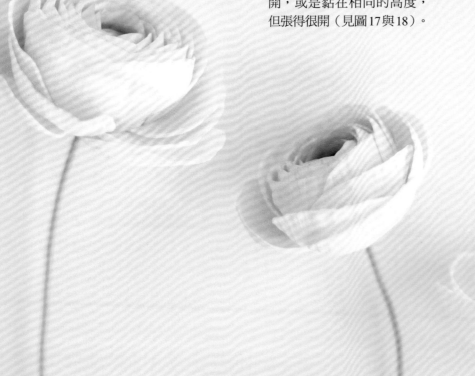

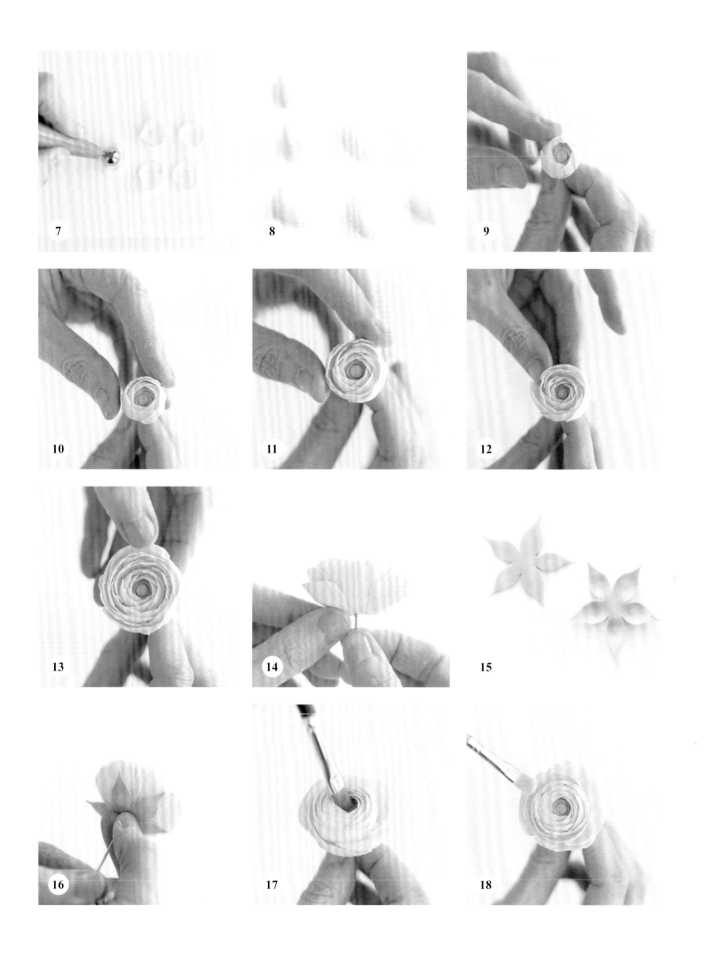

英國玫瑰

　　英國玫瑰有著細緻的圓形花芯，再由兩層自然盛開的花瓣簇擁著。你可輕鬆地加上額外的外層花瓣來打造多層綻放的花朵。經典的柔和蜜桃色花瓣若搭配綠色繡球花與玫瑰葉片會非常完美。不過以我的經驗，這些玫瑰即使以粉紅色呈現也同樣令人驚豔。

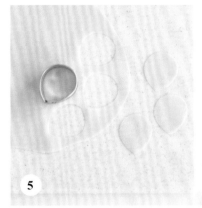

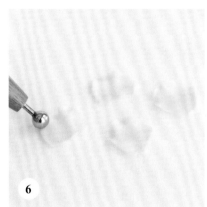

所需特殊材料清單

- 1又1/2英寸（4公分）的保麗龍球
- 20號綠色鐵絲
- 7/8英寸（2.3公分）的圓形切模
- 美工刀
- 五種尺寸的花瓣切模：3/4×7/8英寸（2×2.3公分）、1又3/8×1又5/8英寸（3.5×4.3公分）、1又1/2×1又7/8英寸（4×4.7公分）、1又7/8×2又1/8英寸（4.7×5.3公分）、和2×2又3/8英寸（5×6公分）
- XL尺寸的Marcel Veldbloem Flower Veiners牌玫瑰花瓣壓模
- 小剪刀
- 3英寸（7.5公分）的JEM牌花萼切模（Large Rose Calyx）
- 2英寸（5公分）的半球杯形模具
- 2又1/2英寸（6.5公分）的半球杯形模具
- 桃紅色粉
- 苔綠色粉
- 白色翻糖
- 淡桃紅色翻糖（美國惠爾通淡桃紅色[Wilton Creamy Peach]）
- 綠色翻糖（酪梨綠和檸檬黃色[Americolor Avocado and Lemon Yellow]）

製作花芯

1. 將1又1/2英寸（4公分）的保麗龍球黏在20號的鐵絲上。

2. 用7/8英寸（2.3公分）的圓形切模在球的頂端壓出圓形，並用銳利的刀將這部分切下。

3. 用美工刀在平坦的頂端表面割出約1/2英寸（1公分）深的「X」形，接著沿著圓形邊緣割下至同樣的深度。

4. 用小湯匙將保麗龍球的這四個區塊挖出，用手指下壓試探是否有粗糙不平的地方。球所形成的洞不必非常平滑，只要乾淨到足以填入花瓣即可。

5. 將淡桃紅色翻糖擀至極薄，即1/32英寸（1公釐）的厚度，並用切模裁下八片3/4×7/8英寸（2×2.3公分）的玫瑰花瓣。

6. 在海綿墊上用球形工具將花瓣擀薄，並輕壓上緣至形成波浪狀，為花瓣賦予律動感。繼續進行步驟7。

製作內花瓣

7. 在花瓣背面塗上糖膠，並將四片花瓣等距地擺在保麗龍花芯洞口的內緣周圍。

8. 以同樣方式製作剩餘的四片花瓣，接著將它們捲成上半部敞開的圓錐狀，並將底部捏緊。

9. 在捲起的花瓣底部塗上糖膠，隨機插入花芯的開口中，將玫瑰花芯填滿。使用刷子的圓端或小型翻糖花造型棒將花瓣固定並定位。若需要填補空隙，請再多製作一些花瓣。但請注意不要使用過多的花瓣來填補花芯，以免看起來過於笨重。我通常會在花瓣中間保留空隙，以打造輕盈且具空氣感的花芯。

10. 裁出五片3/4×7/8英寸（2×2.3公分）的花瓣，並用球形工具將邊緣擀薄。將糖膠塗在花瓣的整個表面上，並將它們等距地黏在花芯周圍，讓花瓣蓋住任何可能會被看到的保麗龍球開口邊緣。

11. 裁出五片1又3/8×1又5/8英寸（3.5×4.3公分）的花瓣，並用球形工具將邊緣擀薄。如同較小花瓣的處理方式，在花瓣的整個表面塗上糖膠，等距地黏在花芯周圍，讓花瓣服貼於球上。捏捏花瓣底部，讓花瓣貼合圓球的形狀。用剪刀修去多餘的翻糖，用手指將接縫處撫平。

12. 以同樣大小的另外五片花瓣重複同樣的步驟，讓花瓣與上一層花瓣的接合處交疊。

13. 在使用的翻糖中混入至少50%的白色翻糖，將顏色調淡。這可為玫瑰花芯增加深度和立體感，而且會讓外層花瓣看起來更精緻。將翻糖擀薄，裁下五片1又1/2×1又7/8英寸（4×4.7公分）的花瓣。用球形工具將邊緣擀薄，並在玫瑰花瓣壓模上按壓。

14. 用剪刀在花瓣底部剪出1/2英寸（1公分）的開口。

15. 在2英寸（5公分）的杯形模具中將花瓣撫平，將兩個尖端部分交疊，以貼合杯形。晾乾1至2分鐘，直到固定為杯形。

16. 沿著花瓣內的左右側塗上少量V字形的糖膠。等距地黏在玫瑰花芯周圍，讓頂端的花瓣稍微打開，並將最後一片花瓣塞至第一片花瓣下方。

17. 以第二組同樣大小的花瓣重複同樣的步驟。這次在黏上時，請讓頂端的花瓣稍微打開。

18. 裁下五片1又7/8×2又1/8英寸（4.7×5.3公分）的花瓣，將邊緣擀薄，並在玫瑰花瓣壓模上按壓。以同樣方式製作，在底部剪出開口，將尖端交疊，擺在2英寸（5公分）的杯形模具中直到定型。繼續進行步驟19。

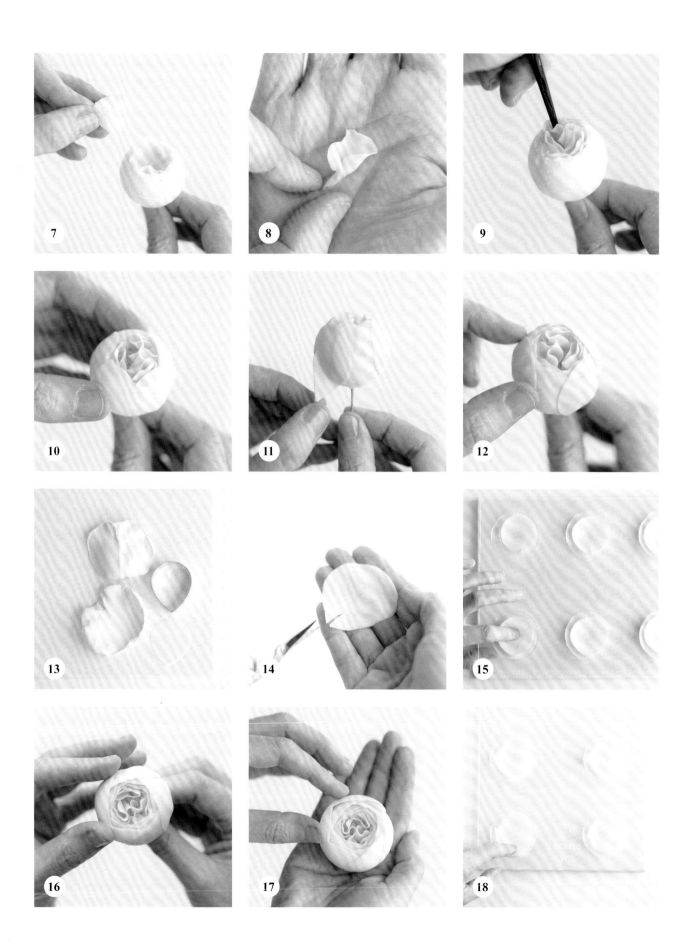

19. 沿著花瓣內左側和右側的邊緣塗上少量V字形的糖膠。在花朵周圍等距地黏上花瓣，但在頂端將間距稍微拉開。這將能呈現花芯由內而外的層次感。

製作外層花瓣

20. 同步驟18，再製作兩片同樣大小的花瓣。

21. 沿著花瓣內左側和右側的邊緣塗上V字形糖膠，將花瓣以幾乎相對也更敞開的方式黏在花朵上。

22. 裁下三片2×2又3/8英寸（5×6公分）的花瓣，用球形工具擀薄，並在玫瑰壓模上按壓。
    想要的話，可在上緣加入一點波紋。將花瓣擺在2又1/2英寸（6.5公分）的杯形模具上，直到乾燥至剛好定型即可。

23. 在花瓣左側和右側邊緣塗上V字形糖膠，以填補空隙的方式黏在花朵上，並讓花瓣稍微敞開。如果花瓣過長，可用剪刀修剪花瓣底部。關鍵在於不要讓完成的花朵看起來太圓或過於對稱，而是要讓花瓣自然地偏離圓型的花芯。可視情況增加額外的盛開花瓣。倒掛晾乾，並用小海綿或面紙固定在花瓣之間，讓花瓣綻放並定型。

製作花萼（隨意）

24. 將綠色翻糖擀薄，並裁成3英寸（7.5公分）的花萼形狀。

25. 在海綿墊上用球形工具將邊緣擀薄。

26. 用剪刀在花萼上剪出額外的小切口，打造更細緻的葉緣。

27. 用小球形工具滾過花萼邊緣，直到花萼開始捲起，並看起來略呈波浪狀為止。

28. 將花萼翻面，在花萼中央和支葉部分塗上糖膠，接著黏在花朵底部。讓花朵完全乾燥。

為玫瑰和花萼刷上色粉

29. 為玫瑰中央的花瓣刷上極淡的桃紅色粉，外層花瓣不動，讓外層花瓣保持明亮和細緻。

30. 為花萼刷上苔綠色粉，並將顏色稍微擴散至玫瑰底部周圍。噴上蒸氣定色（見「預備作業」），待乾燥後再行使用。

小訣竅

為了協助找出適當的搭配和外觀，請先試著將外花瓣擺在不同的位置看看，然後再用糖膠黏在花朵上。

庭園玫瑰

庭園玫瑰的裝飾用途極廣泛，在此處我會把製作過程分成兩個階段。首先製作細緻的鐵絲花瓣，然後晾乾。接著製作多層次的玫瑰花芯，並趁花芯尚柔軟時，使用三片乾燥的鐵絲花瓣作為模型，將花芯擺在上面晾乾。這項技巧可讓剛製作完成的花芯與乾燥花瓣無縫密合，而不產生空隙。多層次庭園玫瑰的花瓣所形成的迷人結構，非常適合擺在最上方蛋糕的邊緣，看起來將十分出色。

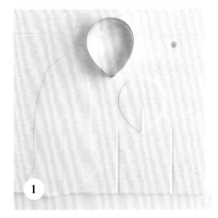

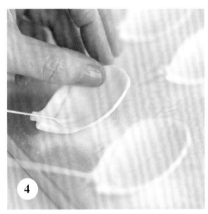

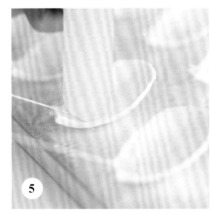

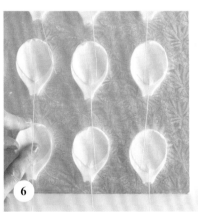

所需特殊材料清單

- 四種尺寸的玫瑰花瓣切模：7/8×1英寸（2.3×2.5公分）、1又1/8×1又3/8英寸（3×3.5公分）、1又1/2×1又7/8英寸（4 ×4.7公分）和1又7/8×2又1/8英寸（4.7×5.3公分）
- SK Great Impressions牌大型玫瑰花瓣壓模
- 30號白色鐵絲
- 20號綠色鐵絲
- 作為花瓣模具的塑膠湯匙
- 2又1/2英寸（6.5公分）的半球杯形模具
- 小剪刀
- 花藝膠帶（綠色）
- 保麗龍花苞（20公釐）
- 波斯菊粉紅色粉
- 淡粉紅色翻糖膏（美國惠爾通粉紅 [Wilton Pink]）

製作小型鐵絲花瓣

1. 在糖花工作板上將淡粉紅翻糖膏擀薄，並裁出1又1/2×1又7/8英寸（4×4.7公分）的花瓣。在海綿墊上用球形工具將邊緣擀薄。

2. 用30號白色鐵絲沾取糖膠，並插入翻糖中。輕捏鐵絲插入翻糖的交會處以固定（見「預備作業」）。

3. 在玫瑰壓模上按壓鐵絲花瓣。

4. 在塑膠湯匙上輕輕按壓並撫平花瓣，將湯匙上緣的花瓣翻糖略略捲起。勿將花瓣的整個上緣捲起，而是較隨機地只讓部分捲起，以形成較細緻的外觀。務必在湯匙上撒上一點玉米澱粉（玉米粉），以免翻糖不平均地沾黏在上緣，並在花瓣下方形成氣泡。

5. 用球形工具或圓形擀麵棒按壓花瓣底部，讓翻糖和鐵絲貼合湯匙的杯形。

6. 製作12片小花瓣並晾至完全乾燥。

製作中型鐵絲花瓣

7. 重複同樣的步驟，裁下1又7/8×2又1/8英寸（4.7×5.3公分）的花瓣。將邊緣擀薄，固定在30號白色鐵絲上，在玫瑰壓模上按壓。

8. 在同樣大小的湯匙上輕輕按壓並撫平花瓣，將覆蓋在湯匙上緣的花瓣翻糖略略捲起。勿將整個花瓣的上緣都捲起，而是以較隨機的方式稍微捲起即可，以形成細緻的外觀。勿將花瓣的側邊折起。用球形工具或圓形的擀麵棒按壓花瓣底部，讓翻糖和鐵絲貼合湯匙的杯形。

9. 製作六片中型花瓣，晾至完全乾燥。

製作杯形鐵絲花瓣

10. 重複同樣的步驟，裁下三片以上1又7/8×2又1/8英寸（4.7×5.3公分）的花瓣。將邊緣擀薄，固定在30號鐵絲上，在玫瑰壓模上按壓。將每片花瓣擺在2又1/2英寸（6.5公分）的杯形模具上，將模具上緣的花瓣上緣略略摺起。

11. 用球形工具或圓形的擀麵棒按壓花瓣底部，讓翻糖和鐵絲貼合模具的杯形。將三片杯形花瓣晾至完全乾燥。

製作花芯

你將需要三片已乾燥的小型鐵絲花瓣作為修飾玫瑰花芯的參考標準和「模具」。

12. 將保麗龍花苞（20公釐）黏在20克的鐵絲上。

13. 將淡粉紅色翻糖擀至極薄，約至1/32英寸（1公釐）的厚度，然後裁下三片7/8×1英寸（2.3×2.5公分）的花瓣。在玫瑰壓模上按壓花瓣，將糖膠塗在花瓣的整個表面上。將花瓣等距並呈緊密螺旋狀地黏在保麗龍花苞周圍，將頂端蓋住。

14. 再裁下三片同樣大小的花瓣，在玫瑰壓模上按壓，在海綿墊上以球形工具將花瓣壓成杯形，並將上緣壓至略呈波浪狀。在花瓣的下半部塗上糖膠。等距地黏在花芯周圍，位置略高於花芯，並讓花瓣稍微打開。

15. 重複同樣的步驟，再製作三片花瓣，黏在略高的位置，再度將花瓣稍微打開。

16. 重複同樣的步驟，再製作三片花瓣，黏在略高的位置，讓花瓣張得更開。

17. 裁下三片較大的花瓣：1又1/8×1又3/8英寸（3×3.5公分），以同樣方式處理。將它們黏在略高的位置。

18. 重複同樣的步驟，再製作三片花瓣，黏在略高的位置，讓花瓣張得更開。繼續進行步驟19。

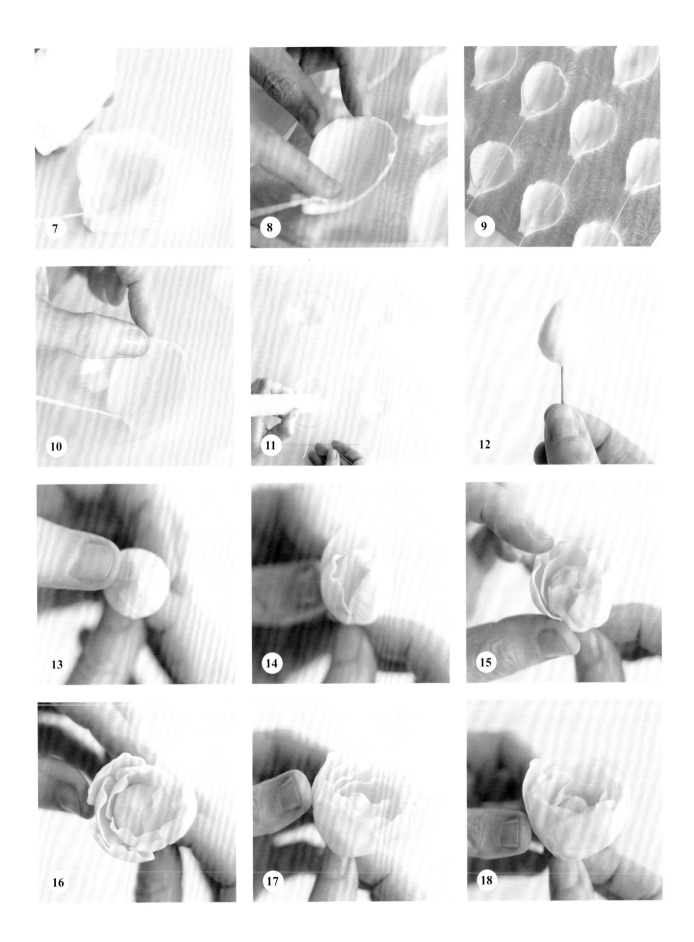

19. 這時，請用一片乾燥的小鐵絲花瓣來比對檢查玫瑰花芯的高度和大小。乾燥的花瓣應略高於最後一層黏上的花瓣，而且應整齊服貼花芯底部。

20. 若玫瑰花芯的底部略寬或變形，請視需求用剪刀進行少許修剪，以容納三片小的鐵絲花瓣。

21. 使用半寬花藝膠帶，在玫瑰花芯周圍黏上三片小的乾燥鐵絲花瓣，以協助維持形狀。鐵絲花瓣將作為「模具」，讓花芯和外層的乾燥花瓣可以良好地組合並看起來自然。如有需要可使用少許的泡綿或紙片來支撐內層花瓣，或讓內層花瓣固定成想要的形狀。

22. 讓玫瑰花芯連同以膠帶固定的鐵絲花瓣一起晾至完全乾燥。

組合玫瑰

所有的鐵絲花瓣將以三片為一組，黏貼至花朵上，唯有最後一層除外。

23. 使用半寬花藝膠帶，以並列的方式將三片小花瓣黏在已經固定的前一層花瓣之間。

24. 集結六片中型花瓣，並分為兩層，每層三片花瓣，以同樣方式黏至花朵上。

25. 集結三片中型杯形花瓣，以同樣方式黏上。

26. 依想要的形狀，黏上五至六片剩餘的小花瓣。用膠帶沿著鐵絲向下黏貼，覆蓋鐵絲，形成單一花莖。

為玫瑰刷上色粉

27. 使用濃密的圓刷，將波斯菊粉紅色粉以隨機畫圓和打點的方式刷在花瓣外面和底部。同樣在花朵的中央加上一點顏色。

28. 用平刷在花瓣的上緣加上一點粉紅色。

29. 小心地將花瓣打開，為玫瑰噴上蒸氣一會兒以定色（見「預備作業」）。待乾燥後再行使用。

19

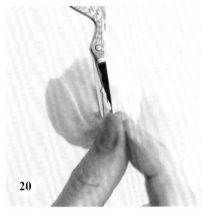

20

21

22

23

24

25

小訣竅

為了製造層次變化，請只用兩至三層的外層花瓣來製作部分的庭園玫瑰，並與整朵的庭園玫瑰搭配使用。不同大小的玫瑰在布置時將會顯得更加自然。

26

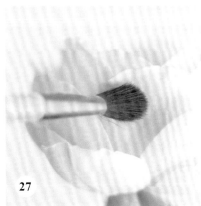

27

28

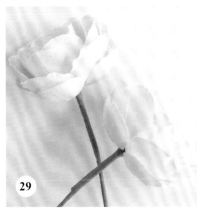

29

攀緣玫瑰

　　這些嬌小細緻的攀緣玫瑰是以兩種五瓣玫瑰切模製作而成。作法是在圓錐形花芯周圍以較傳統的螺旋狀方式裹上第一種形狀的花瓣，接著以不規則的方式黏上第二種形狀的花瓣，因此不必擔心你的花朵不夠完美、對稱。事實上，愈不規則愈好！如圖所示，集結成小枝的攀緣玫瑰非常可愛，你也能將它們用於小花束或單一的填充花中。

1

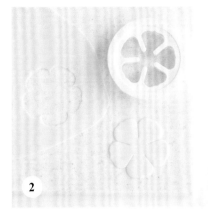

2

3

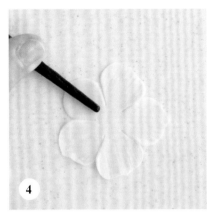

4

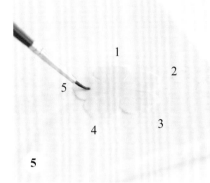

5

6

所需特殊材料清單

- 三種尺寸的五瓣花朵切模：1又3/8 英寸（3.5公分）、1又1/2英寸（4 公分）和2英寸（5公分）（即FMM 牌35公釐40公釐以及JEM牌50公 釐的切模）
- 7/8英寸（2.3公分）的PME牌花萼 切模
- 26號綠色鐵絲
- JEM牌花瓣紋路塑型工具
- 小剪刀
- 糖花工作板
- 針筆
- 乾燥用保麗龍仿製品
- 花藝膠帶（綠色）
- 波斯菊粉紅色粉
- 淡粉紅翻糖膏（美國惠爾通粉紅色 ［Wilton Pink］）
- 綠色翻糖膏（酪梨綠和檸檬黃色 ［Americolor Avocado and Americolor Lemon Yellow］）

製作花苞

1. 將3/8英寸（8公釐）的淡粉 紅色翻糖球搓成矮胖的圓錐 形，固定在26號帶鉤鐵絲上 （見「預備作業」）。晾至完 全乾燥。

2. 將柔軟的粉紅色翻糖擀薄至 1/16英寸（2公釐）的厚度， 裁下一片1又3/8英寸（3.5 公分）的五瓣形狀。

3. 在海綿墊上，用球形工具將 花瓣的邊緣擀薄，並將花瓣 的中央向外拉長，以稍微修 飾形狀。

4. 用JEM牌花瓣紋路塑型工具 為花瓣快速壓出紋路來。若 花瓣的邊緣黏在一起，就用 剪刀將底部小心剪開。

5. 將五瓣形狀的翻糖翻面，為 所有的花瓣塗上糖膠。將這 些花瓣稱為花瓣1-5（如圖 所示），依步驟6-8的順序黏 在花苞中央。

6. 用花瓣1緊緊地包住錐形花 苞，將頂端覆蓋。繼續進行 步驟7。

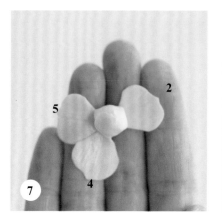

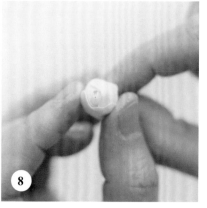

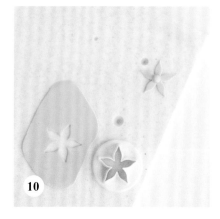

7. 接著用花瓣3緊緊包住錐形花苞。

8. 用剩餘的花瓣包住錐形花苞，從花瓣5開始，接著是花瓣2，然後是花瓣4。

9. 用手指將花苞底部撫平，讓底部變得圓滑。

製作花萼

10. 在糖花工作板的中型（3/16英寸／4公釐）孔洞上將綠色翻糖擀平，並裁出7/8英寸（2.3公分）的花萼形狀。

11. 在海綿墊上用球形工具將花萼的邊緣擀薄，並將枝葉部分拉長。

12. 用剪刀在花萼邊緣剪出小開口。將花萼翻面，用球形工具將每片枝葉壓成杯形。

13. 在花萼中央和每片枝葉上塗上少量糖膠。將花萼黏在花苞底部，讓部分枝葉服貼在花苞上，部分枝葉張得更開。晾至完全乾燥。

製作小玫瑰

14. 將3/8英寸（8公釐）的淡粉紅色翻糖小球搓成狹長錐形，並固定在26號的帶鉤鐵絲上。錐形的大小應比1又3/8英寸（3.5公分）的切模花瓣長度略短。晾至完全乾燥。

15. 將翻糖擀薄，擀至1/16英寸（2公釐）的厚度，並裁下兩片1又3/8英寸（3.5公分）的花。

16. 在海綿墊上用球形工具將花瓣的邊緣擀薄，並將花瓣從中央拉長。

17. 用JEM牌花瓣紋路塑型工具為花瓣快速壓出紋路來。若花瓣邊緣黏在一起，請用剪刀剪開。將這些花瓣稱為花瓣1-5（如圖所示），依步驟18-20所述，將花瓣黏在中央的錐形上。

18. 將糖膠塗在花瓣1、3和5上。用花瓣1以緊密的螺旋狀包住錐形花苞，將頂端覆蓋。

19. 以緊密的螺旋狀黏上花瓣3和5。

20. 在花瓣2和4的右側塗上糖膠。以螺旋狀黏上，讓左側邊緣保持張開，如圖所示。

21. 處理第二片花形翻糖，用球形工具將花瓣的邊緣擀薄，並將花瓣的中央拉長。用JEM牌花瓣紋路塑型工具壓出紋路來。

22. 在每片花瓣的下半部塗上少量糖膠，將花瓣圍繞著花朵，隨機黏在花芯上，讓部分花瓣重疊。繼續進行步驟23。

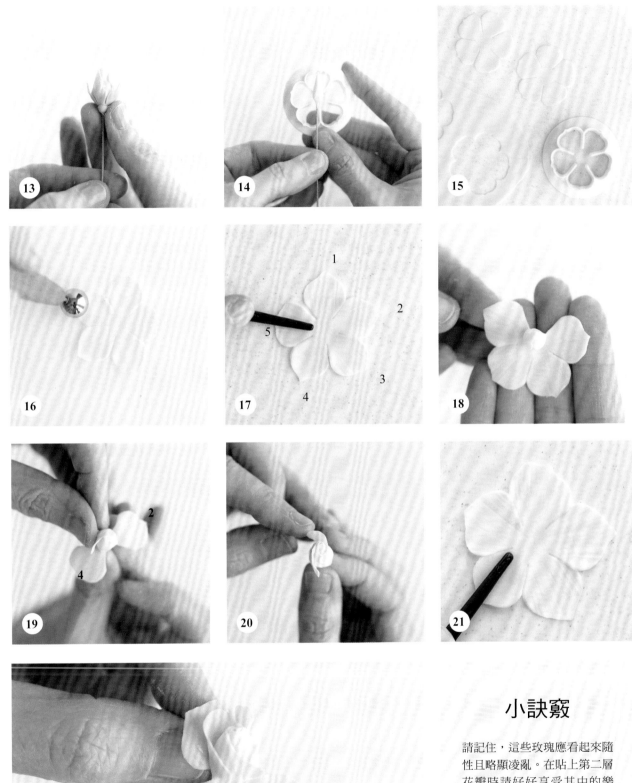

小訣竅

請記住，這些玫瑰應看起來隨性且略顯凌亂。在貼上第二層花瓣時請好好享受其中的樂趣，用你覺得看起來漂亮的方式去黏貼吧！

香豌豆

　　我個人最愛的香豌豆不僅充滿春天氣息，也有著繽紛的色彩，大多是柔美的粉紅、紫色、藍色和白色。讓我們學著製作四種不同開花期的美麗香豌豆，包含花苞、半開的花、閉合的花，以及完全盛開的香豌豆。我的小祕訣是用微小的花萼整齊地為花朵收尾，而這值得多費一點功夫。香豌豆光是集結成小花束就很美，也可以用膠帶將一些花和花苞綑在一根花莖上，讓它們可以從較大的花朵中探出頭來。

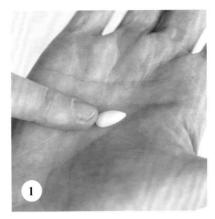

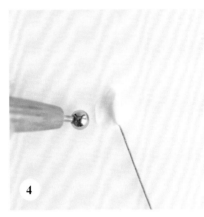

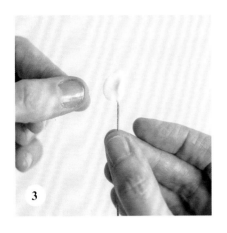

小訣竅

若你做出的花芯過大，無法用來製作香豌豆花，請將它們留下來以製作香豌豆的花苞。它們將會是布置中的完美亮點。

所需特殊材料清單

....

- PME牌中號香豌豆花切模
- 製作花萼用的5/8英寸（1.5公分）Orchard Products牌六瓣花瓣切模
- 26號綠色鐵絲
- Cakes by Design牌單面花瓣紋路壓模
- 晾花架
- 湯匙
- 波斯菊粉紅色粉
- 奇異果綠色粉
- 白色翻糖
- 綠色翻糖（酪梨綠[Americolor Avocado]和檸檬黃色[Americolor Lemon Yellow]）

花芯的製作

1. 將1/4英寸（5公釐）的白色翻糖球搓成1/2英寸（1公分）的長錐形。

2. 整齊地將錐形翻糖黏在26號的鐵絲彎鉤上（見「預備作業」）。

3. 用大拇指和食指用力按壓錐形翻糖的一側，並壓至尖端處，將翻糖壓平。

4. 在海綿墊上用球形工具將壓平的部分擀至平滑。再用球形工具滾過外緣，讓外緣略為起皺或形成波浪狀。如有需要，請在指間輕輕按壓花芯的背面，以免變得過寬。待完全乾燥後再行使用。

5. 為每朵香豌豆製作花芯，並再多做一些作為花苞使用。

製作內層花瓣

6. 將白色翻糖擀薄，擀至1/16英寸（2公釐）的厚度，用花瓣保護膜或PU膜蓋起來以免乾燥。

7. 用花瓣紋路壓模在翻糖上用力但平均地壓出個別形狀。

8. 將切模對準壓出的紋路，裁出內層花瓣的形狀。

9. 將花瓣擺在海綿墊上，紋路面向下，用球形工具將外緣擀薄。

10. 再用球形工具更用力地壓過邊緣，讓邊緣略呈波浪狀。

11. 在香豌豆的花芯背面塗上少量的糖膠。

12. 將內層花瓣的紋路面朝向自己，凹口對準花芯底部，黏上內層花瓣。將花瓣朝花芯的方向撫平以固定。

13. 將香豌豆掛起晾乾，以免花瓣張得太開。待完全乾燥後再加上外層花瓣。這些花亦可作為半開的香豌豆使用。

製作外層花瓣

14. 以製作內層花瓣的同樣方式準備翻糖，包含壓出紋路，接著裁出外層花瓣。

15. 將花瓣擺在海綿墊上，紋路面向下，並用球形工具將邊緣擀薄。接著將花瓣邊緣壓至略呈波浪狀。

16. 沿著內層花瓣背面的中央向下塗上少量的糖膠。

17. 將外層花瓣的紋路面朝向自己，凹口對準花芯底部，黏上外層花瓣。將外層花瓣黏在內層花瓣上，撫平花瓣以固定。繼續進行步驟18。

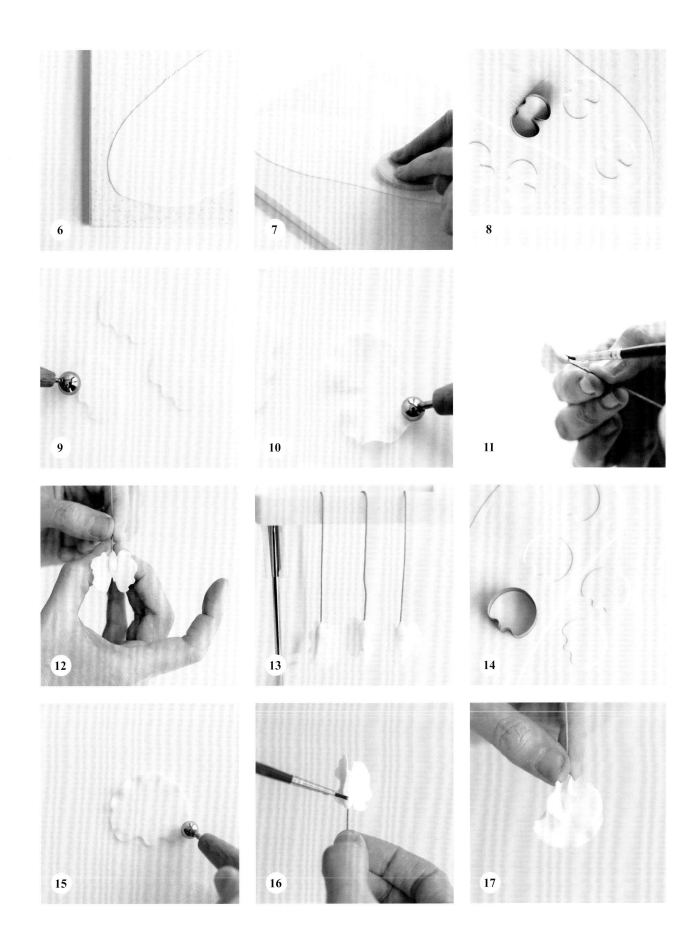

18. 亦可視需求捏捏花瓣中央的頂端，在中央打造出紋路。

19. 將部分的香豌豆掛起晾乾至更為閉合。

20. 將額外的香豌豆正面朝上地擺在湯匙背面晾乾，讓它們更為張開並充分綻放。

製作花萼

21. 將綠色翻糖擀至適當的薄度，用花瓣保護膜或PU膜蓋住以免乾燥。一次裁下數個5/8英寸（1.5公分）的花萼形狀。

22. 將花萼擺在海綿墊上，用小型的球形工具將每片枝葉擀開。

23. 用指尖將花萼的頂端捏尖。

24. 在花萼上塗上少量糖膠，穿入鐵絲，黏在香豌豆的底部。用手指按壓花朵底部以固定花萼。

25. 為所有的香豌豆和花苞黏上花萼，四種開花期的花都要。待完全乾燥後再刷上色粉。

為香豌豆刷上色粉

26. 將波斯菊粉紅色粉刷在所有花瓣的邊緣，包括正面和背面。

27. 在花瓣背面刷上少量的奇異果綠色粉，只刷在花萼上方。

28. 將奇異果綠色粉刷在花萼的頂端和下方。

29. 所有的花瓣和花萼都刷上色粉後，小心地為香豌豆噴上蒸氣一會兒以定色（見「預備作業」）。待乾燥後再使用。

小訣竅

白色的香豌豆也很美，而且很快就能完成。為花瓣背面和花萼刷上淡綠色粉，接著噴上蒸氣定色。待乾燥後再行使用。

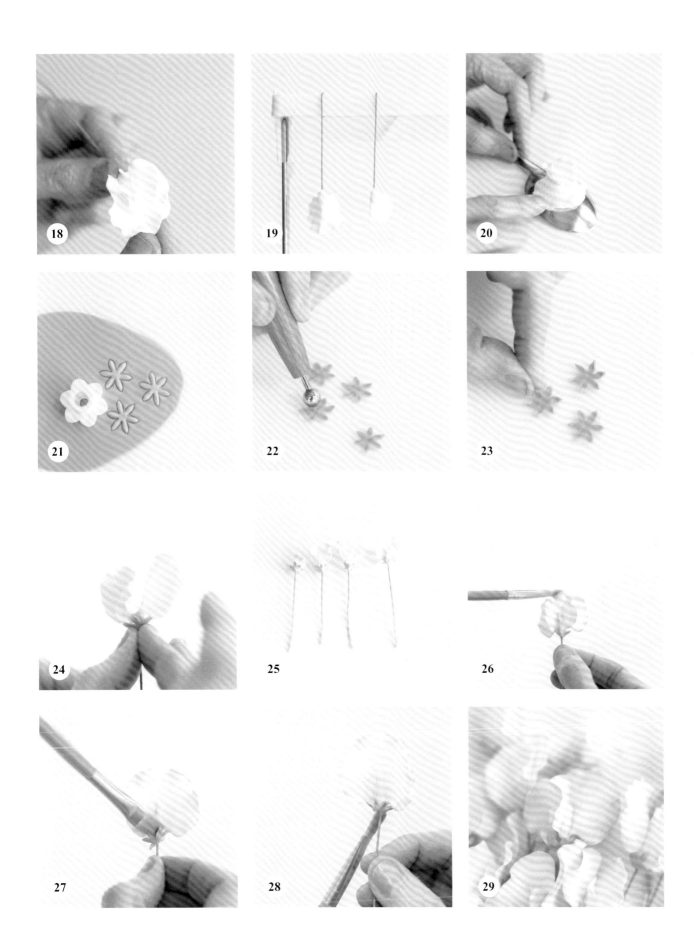

蛋糕伸展台

糖花布置基礎課

　　以下是我在打造華麗的糖花布置時，幾招極其有效的小提醒、訣竅和技巧。我們將聚焦於特定花朵的布置方法。在你開始製作自己的首次設計之前，這幾頁的基礎課程會是很好的起始點。

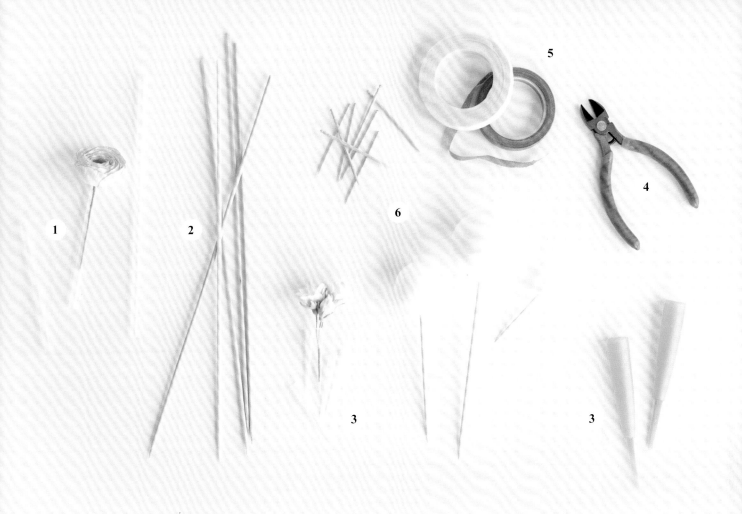

工具與材料

請務必確認已備妥打造你布置所需的所有工具與材料。將糖花擺放至蛋糕上有多種不同的解決方法，了解一下你所在當地產業的法令規章所提供的指導方針也很好。

材料包括：(1)吸管、(2)竹籤、(3)小型和大型插花管（Flower piks）、(4) 鐵絲剪和老虎鉗、(5)花藝膠帶和(6)牙籤。你也能在清單中加上手套。

在使用吸管和插花管時，可先將它們插入蛋糕，然後再加入花莖，或是先將花莖插在吸管和插花管中，然後再放入蛋糕內。你可能會想在管內加入少量的翻糖或蛋白糖霜（royal icing）來固定花莖。小花可以用膠帶黏在牙籤上，較大的花則可以用竹籤，或是黏在竹籤上。較長的竹籤可深入蛋糕內，讓較重或過大的花朵得以平衡。

色彩與和諧

將你所有做好的花朵、填充花、花苞和葉片排開，並依顏色分類。將所有的東西擺在一起，有助於想像當這些花混在設計中會呈現出什麼樣的氛圍或整體效果。觀看所有你必須處理的組件也很重要，這讓你可以適當地將它們分開。若要製作較小的布置，亦能用手將花朵和葉片組合在一起。你是否特別喜歡某些顏色或質地的搭配？我也建議使用織物和真花布置的照片，作為調色和花朵組合的靈感來源，尤其是當你找到你真正喜愛的搭配時！

花的形狀

花點時間考慮重點花的形狀。有些花是圓的，有些花的底部較尖，而有些花則較扁平和呈盛開狀。花的形狀將會影響整體的組合方式。有些花搭配在一起很棒，也有些花可能需要稍微調整才能相互貼合（例如將花莖稍微折彎，讓花朵遠遠相對）。你也可以在底部有角度、圓形的花朵，或是盛開的扁平花朵旁擺放次要的花和填充花。舉例來說，波斯菊因呈現V字形而能和其它花相互組合，而毛莨花則非常圓，但若將花朵朝彼此遠離的方向稍微折出角度，便可以搭配得更好。大理花的花型通常非常平坦且盛開著，因此如果你想用它來搭配其它的花，請務必要以更V字形的方式晾乾。

花朵之間形成的形狀

你也需要考量的是，當你組合重點花時的開放空間形狀會是什麼樣子？那麼你便能夠決定最適合搭配的填充花是哪些。花朵底部和頂端或許會有開口。我們的基本素材會完美地將這些空隙填補起來。繡球花大多打造成V字形，如此一來便可以小團花緊密地排在一起，以填補花朵之間的空隙。小型填充花末端為狹長錐形，因此可填補小洞，而萬用花苞為小三角形，可完美地放到所有花的底部去，甚至是塞進葉片下方。

花朵布置順序

1. 擺放並固定重點花。

2. 將翻糖小球置於重點花之間的空隙，用來插上填充花和葉片的鐵絲。亦可視需求用一點水、糖膠、蛋白糖霜或融化的巧克力將翻糖黏在蛋糕表面上。

3. 用其他的小花、繡球花朵、萬用花苞和葉片填補重點花周圍的開口，將鐵絲插入翻糖球中。若需要填補空隙的地方，要調整填充花才塞得進去，可使用鑷子來彎曲鐵絲。

4. 將最初的填充花和葉片就定位後，開始用填充花和繡球花苞填補小洞。繼續一層層添加填充花，並為整體布置增添深度和結構感。移動至下一個開口，繼續進行同樣的步驟，直到將所有的空隙填滿。

小訣竅

如果你對這些技巧缺乏足夠的自信，請花點時間在假蛋糕上練習。有時在練習的過程中，解決方案便會自動浮現。

你將需要比你預期更多的花！務必確認自己有足夠的花可以填補空隙，永遠都要製作額外的花，以預防花朵毀損的情況發生。

另一種填補空隙的方式是善加利用剛做好的填充花，這種花有足夠的彈性可以折彎，可在開口中蜿蜒前進而不會斷裂。若要使用較大的花朵，或許只需要現做外層或黏上兩片花瓣即可完美搭配。

請記住，簡約就是美。帶有少許葉片的美麗搶眼造型花是最完美的神來一筆。

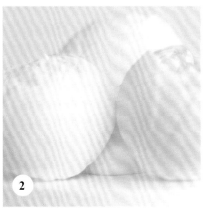

單層布置

閉合牡丹與紫丁香的偏移布置

　　美麗的單層蛋糕適用於多種場合，不論是生日、紀念日或是小型婚宴。簡單的偏移布置為設計賦予自然而時髦的焦點。這種布置快速而簡單，只要在蛋糕邊緣精巧地擺放一朵花和少許明亮的葉片。若想要做得更精緻，請使用多朵花和所有漂亮的填充花，並依照下述簡單的步驟進行。

欲打造閉合的牡丹與紫丁香布置，你將需要：

蛋糕層

- 7×6英寸（18×15公分）覆蓋著白色翻糖的蛋糕
- 寬1/4英寸（5公釐）、長23英寸（60公分）的羅紋緞帶
- 額外的白色翻糖

焦點花

- 閉合的牡丹三朵

填充花、花苞和葉片

- 繡球花三十朵
- 萬用綠色花苞十顆
- 混合紫丁香三十朵（包括盛開的和呈杯狀的），外加額外的紫丁香少許
- 紫丁香花苞十五顆
- 牡丹葉片三片
- 紫丁香葉片二片
- 綠葉五片

所需特定材料

- 花藝膠帶

1. 擺放並固定閉合的牡丹，擺在蛋糕頂端偏離中心的位置。

2. 在牡丹之間輕輕按壓少量的翻糖並固定。

3. 擺放牡丹葉片和紫丁香葉片，插入牡丹底部。

4. 用繡球花和萬用花苞填補三朵牡丹之間的缺口。

5. 用膠帶將大部分的紫丁香和花苞綑成緊密的花束，保留少許額外的花朵。將花束擺在三朵牡丹中間的缺口，將花莖壓入花朵之間的翻糖固定。使用一些多出來的紫丁香花朵來填補所有的小洞。

6. 用膠帶將五片綠葉以不同的高度黏在一起。將葉片擺在兩朵牡丹之間，將花莖推進花朵之間的翻糖以固定。讓葉片稍微懸掛在蛋糕的邊緣上。最後再以緞帶修飾蛋糕（見「最後修飾」）。

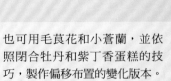

也可用毛茛花和小蒼蘭，並依照閉合牡丹和紫丁香蛋糕的技巧，製作偏移布置的變化版本。

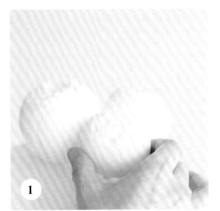

小訣竅

處理如閉合牡丹或毛茛花等圓
頭花時，請以萬用花苞來填充
它們底部之間的小空隙，它們
就會呈現出最完美的形狀！

單層布置

秋牡丹的邊緣布置

　　從邊緣垂曳而下的翻糖花讓單層蛋糕顯得格外吸引人且浪漫。若你還沒試過這種布置方式，可簡單地取三朵同樣的花，然後在蛋糕層的頂端和側邊排成一個三角形，就如同這裡所展示的庭園玫瑰版本。若想讓布置更細緻，例如牡丹版本，可用較小的花朵、花苞和葉片來填補花朵之間的空間。以這個技巧為基礎，你也可使用不同大小和種類的花，並在蛋糕的側邊加上拖曳或一瀉而下的花莖或綠葉。

小訣竅

若你對自己的布置缺乏自信，可以花點時間練習將花擺在假的保麗龍蛋糕上。想像一下，哪些花該擺在頂端，哪些花要從側邊垂曳而下？

打造秋牡丹布置你將需要

蛋糕層
- 5×6英寸（13×15公分）覆蓋著白色翻糖的蛋糕
- 寬1/4英寸（5公釐）、長17英寸（45公分）的羅紋緞帶
- 額外的白色翻糖

焦點花
- 秋牡丹3朵

花朵、花苞和葉片
- 大型繡球花葉片二片
- 小型繡球花葉片二片
- 萬用花苞九顆
- 填充花九朵
- 繡球花苞十顆
- 繡球花十五朵

1. 將秋牡丹彼此緊靠固定，一朵置於蛋糕層邊緣，其餘兩朵在側邊。從上方看下來，三朵秋牡丹會形成三角形。

2. 在秋牡丹之間輕輕按壓並以少量的翻糖固定。

3. 在秋牡丹底部擺放並插入繡球花葉片，讓部分葉片的尖端朝向花朵外側，並順著蛋糕層而下。

4. 開始用萬用花苞和繡球花填補秋牡丹之間的空間。用填充花將所有剩餘的小洞填滿。最後再以緞帶修飾蛋糕（見「最後修飾」）。

按照秋牡丹蛋糕的擺放方式，使
用三朵庭園玫瑰和兩片玫瑰葉，
便可製作此邊緣布置的變化版
本。

單層布置

櫻桃花花環

　　我喜歡用精緻的花朵和花苞在小蛋糕的頂端布置成環狀，作為可愛的生日或紀念日祝福。這裡的技巧亦可用於較大的蛋糕上，例如混用較大的花朵和填充花，或是將這裡的小型花環蛋糕層設計用於較大的婚禮蛋糕頂層。

小訣竅

打造蘋果花布置時使用的也是同樣的技術，但改用蘋果花和蘋果花苞，並將它們排列在同樣大小且鋪有黃綠色翻糖的蛋糕層上。

打造櫻桃花布置你將需要

蛋糕層

- 4×6英寸（10×15公分）覆蓋著白色翻糖的蛋糕
- 額外的白色翻糖
- 寬1/4英寸（5公釐）、長14英寸（35公分）的黃綠色羅紋緞帶

花朵、花苞和葉片

- 櫻桃花三十五朵
- 櫻桃花苞二十五顆
- 櫻桃花葉片（如有需要，可額外多準備一些）

特殊材料

- 糖膠和刷筆
- 蛋白糖霜或融化的白色巧克力（隨意）

1. 用額外的翻糖製成翻糖球，再搓成寬1/2英寸（1公分）的長繩。在蛋糕邊緣刷上一圈1/2英寸（1公分）寬的糖膠，並輕輕將翻糖繩黏在蛋糕上，形成環狀。等幾分鐘讓蛋糕定型。開始用鐵絲剪修剪櫻桃花和花苞用的鐵絲，並插入翻糖繩中。接著開始製作花環，先將一朵花朝外擺放，一朵朝內，一朵置於前兩朵花之間的頂端，然後開始一路沿著蛋糕頂端的邊緣擺放，排成圓圈狀，並盡可能讓花朵彼此緊靠。若你擔心花朵無法固定在位

置上，可用鐵絲末端沾取濃稠的蛋白糖霜或融化的白色巧克力作為「膠水」使用。

2. 在繩上插滿花朵後，如有需要可再回頭用更多的花苞和花朵將任何缺口填滿。

3. 在蛋糕正面加上兩片葉片，將鐵絲插入花朵下方，並插入環狀翻糖中。如有需要，可再加上額外的葉片。用緞帶為蛋糕進行修飾（見「最後修飾」）。

也可使用香豌豆和繡球
花,並依照櫻桃花蛋糕的
製作技巧來打造變化版本。

多層布置

波斯菊寬邊布置

蛋糕寬邊是擺放單朵大花或特大號花朵的理想場所，不僅萬用也容易裝飾，也適用於大團的花朵。愈寬的邊也愈容易在焦點花周圍建構豪華的填充花束，因此你可以毫不費力地打造豐富且美到令人屏息的設計。

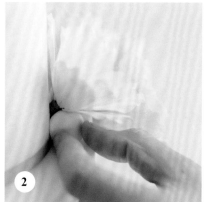

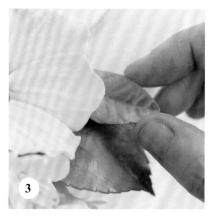

小訣竅

使用帶鐵絲花瓣的花朵好處之一是能夠在需要時小心地將花瓣移開,以便為其他的花朵騰出空間。另一項好處則是能夠將花瓣展開,有助於隱藏小的空隙。

打造波斯菊寬邊布置你將需要

蛋糕層

- 4×5英寸(10×13公分)覆蓋白色翻糖的蛋糕層
- 6×6英寸(15×15公分)覆蓋白色翻糖的蛋糕層
- 寬1/4英寸(5公釐)、長35英寸(90公分)的黃綠色羅紋緞帶
- 額外的白色翻糖

焦點花

- 波斯菊粉紅花二朵
- 小蒼蘭花五朵

填充花、花苞和葉片

- 帶有三顆綠色花苞和四顆白色花苞的小蒼蘭花莖一枝
- 繡球花葉片二片
- 香豌豆葉片二片
- 繡球花十二朵
- 萬用花苞三顆

1. 布置花朵之前,先為兩個蛋糕層加上緞帶(見「最後修飾」)。將大波斯菊花擺在夾層處並固定,讓花朵彼此緊靠,形成三角形。將小蒼蘭花擺在兩朵較低的花之間的空間並固定。將小蒼蘭花苞的花莖直接置於小蒼蘭花下方。

2. 將小顆的翻糖球輕輕按壓在波斯菊底部周圍的夾層凸邊上,可用來插入填充花的鐵絲。

3. 在波斯菊花朵底部插入繡球花和香豌豆葉片。

4. 用繡球花朵和花苞進行布置,填補周圍的空隙,在波斯菊花朵稍微下方處以同樣方式布置夾層的凸邊。

依照大波斯菊蛋糕的製作技巧，也可運用木蘭花和繡球花，以及各種葉片來製作這寬邊布置的變化。

多層布置

毛茛花的多層窄邊布置

　　窄邊布置非常新穎時髦，也是Petalsweet花瓣甜最受歡迎的蛋糕裝飾風格。我通常會在窄邊放上小花、精緻的裝飾，平坦或盛開的花也很棒，但也非常適合放上單一的圓形杯狀花朵，由小把的填充花圍繞著，底部再塞入一些葉片。你有各式各樣的選擇，而且無論如何都很有造型。若你真的要使用較大的花朵，請確保它們確實固定在蛋糕裡，以免位移或撕裂。

打造毛茛花的多層窄邊布置你將需要

蛋糕層

- 4×5英寸（10×13公分）覆蓋白色翻糖的蛋糕層
- 5×6英寸（13×15公分）覆蓋白色翻糖的蛋糕層
- 寬1/4英寸（5公釐）、長31英寸（80公分）的黃綠色羅紋緞帶
- 額外的白色翻糖

焦點花

- 大的毛茛花一朵（六層花瓣外加格外盛開的花瓣，以製作2英寸／5公分的花朵）
- 小的毛茛花一朵（四層花瓣外加盛開的花瓣，以製作1又1/2英寸／4公分的花朵）

填充花、花苞和葉片

- 繡球花六朵
- 填充花七朵
- 填充花苞一顆
- 萬用花苞三顆
- 繡球花葉片三片
- 香豌豆葉片二片

1. 製作蛋糕層，接著加上緞帶（見「最後修飾」）。

2. 將兩朵毛茛花稍微交錯地擺放在選定的一側。較大的花為主要焦點，較小的花稍微塞在大花後方。

3. 將一些額外的翻糖小球輕輕按壓在花朵底部周圍的凸邊上，用來插上填充花和葉片。用繡球花和花苞填補毛茛花朵周圍和彼此之間的空隙。將兩片香豌豆葉片塞入較小花朵的右側。

4. 最後在繡球花和花苞上疊上填充花，將所有的小空隙填滿。

多層布置

牡丹的三層布置

想打造乾淨俐落、完美平衡的三層蛋糕，最簡單的方法之一就是將較小的布置擺在蛋糕頂端或側邊，並將較大的布置擺在下面兩層蛋糕層之間，就如同左側的兩個蛋糕一樣。你可輕易將同樣的概念應用在更多層的蛋糕設計中，以打造更大型的布置。為了增加設計的元素，請瀏覽各種從單層到多層蛋糕伸展台的製作技巧，找出你喜愛的布置風格，並將它們組合在一起，創造出你自己的藝術作品！

打造牡丹的三層布置，你將需要：

蛋糕層

- 5×5英寸（13×13公分）覆蓋白色翻糖的蛋糕層
- 7×5英寸（18×13公分）覆蓋白色翻糖的蛋糕層
- 8×6英寸（20×15公分）覆蓋白色翻糖的蛋糕層
- 寬1/4英寸（5公釐）、長67英寸（170公分）的黃綠色羅紋緞帶
- 額外的白色翻糖

焦點花

- 牡丹三朵（大型、中型和小型各一朵）
- 波斯菊花朵二朵
- 牡丹花苞二顆

填充花、花苞和葉片

- 小蒼蘭花朵八朵，分為五朵和三朵
- 帶有小蒼蘭花苞的花莖二枝
- 繡球花五十六朵
- 萬用花苞十六顆
- 繡球花苞十顆
- 填充花四十五朵
- 帶有三顆填充花苞，並用膠帶黏上二片填充花葉片的花莖一枝
- 帶有三朵香豌豆花，並用膠帶黏上二顆香豌豆花苞的小花莖一枝
- 繡球花葉片八片

1. 製作蛋糕層並加上緞帶（見「最後修飾」）。將大小朵的牡丹並列地擺在最低的蛋糕層邊緣並固定，接著將中型的魅力牡丹擺在斜對角的頂層蛋糕層邊緣。

2. 擺放次要花並固定，包括在頂端的布置擺上波斯菊和牡丹花苞。在最低蛋糕層的大牡丹花旁邊擺上第二朵波斯菊並固定，並在兩朵牡丹花之間的正下方擺放牡丹花苞。

3. 擺放小蒼蘭花並固定。將五朵花一組的花團擺在最低蛋糕層的兩朵牡丹花之間，並將三朵花為一組的花團擺在頂層的牡丹花和波斯菊之間。將花朵固定後，在兩團小蒼蘭花下方加上一枝帶有小蒼蘭花苞的花莖。

4. 將翻糖小球輕輕按壓在牡丹花、波斯菊和小蒼蘭之間的底部周圍，用來插入填充花的鐵絲。開始在牡丹花下方和側邊插入一些繡球花葉至適當的位置。用繡球花、繡球花苞和萬用花苞填補花朵之間的空間。用填充花填補剩下的所有小洞，將它們彼此層層交疊，以增加結構上的協調感和深度。

5. 將剩餘的葉片插入布置的底部和外緣，做最後修飾。將帶有填充花苞的花莖和香豌豆花莖插入布置頂端，以增加吸睛度。

小訣竅

先在低處擺花可幫助你較容易找到擺放頂層花的最佳位置。如果你無法確定牡丹的擺放位置，可拿著用乾淨紙張稍微揉皺而成的紙球，在蛋糕層上方和附近比對看看，一直移動至你找到適合擺放花朵的理想位置。用牙籤或塑型工具輕輕在翻糖上做標記，並將花朵固定在位置上。就算紙球落下，也不會對蛋糕造成損害，更沒有弄壞花朵的風險！

小訣竅

將填充花組成五至七朵的小花團來使用，若先用膠帶黏在一起，便可快速地填補較大花朵之間的空隙。我也會將它們當作單一花朵，用來填補繡球花瓣之間微小的缺口。

牡丹與毛茛花的圓頂擺飾

如果你想提前製作花藝布置，便可利用保麗龍蛋糕。在保麗龍蛋糕上作業，不但能夠預先布置，但又能夠隨時改變主意，然後再重新布置！這裡的圓頂擺飾為5英寸（13公分）寬，而且預定擺在4英寸（10公分）的蛋糕上，而眼前的這個4英寸蛋糕是大型多層蛋糕的最上層，但若有需要，亦可輕易將蛋糕的大小升級。頂端的擺飾會具有一定的重量，因此請確保在蛋糕中提供適當的內部結構以支撐頂端的擺飾。

1

2

3

4

5

小訣竅

我發現準備一個同樣大小的保麗龍假蛋糕作為模型很有幫助,這讓我能夠確認我在製作的組件是否符合整體的設計和蛋糕層的比例。

打造牡丹和毛茛花圓頂擺飾, 你將需要

蛋糕層

- 4×4英寸(10×10公分)覆蓋著白色翻糖的蛋糕
- 3英寸(7.5公分)的透氣保麗龍球
- 7英寸(18公分)的保麗龍假蛋糕
- 竹籤
- 熱溶膠槍或蛋白糖霜
- 糖花、花苞和葉片
- 蛋糕內適當的木條支撐
- 搭配蛋糕的額外翻糖

花朵、花苞和葉片

- 波浪狀牡丹一朵
- 牡丹花苞三顆
- 毛茛花三朵
- 繡球花六十五朵
- 萬用花苞二十顆
- 繡球花苞十顆
- 填充花六十朵

- 大型繡球花葉片四片
- 小型繡球花葉片四片
- 綠葉五片,用膠帶綑成一束
- 繡球花葉片八片

1. 為了裝至4英寸(10公分)蛋糕層上,請將直徑3英寸(7.5公分)的透氣保麗龍球切半,並鋪上翻糖,以搭配蛋糕。用熱溶膠槍或蛋白糖霜將兩根竹籤固定在保麗龍球平坦的底部裡。

2. 布置花朵時,輕輕將竹籤推進保麗龍蛋糕中,將保麗龍圓頂緊緊固定在位置上。先將盛開的牡丹擺放在稍微偏離圓頂中心的位置。如有需要,可預先用竹籤戳洞。

3. 視情況在圓頂周圍加上三顆牡丹花苞和三朵毛茛花,並將它們彼此間隔開來。

4. 用繡球花和花苞、萬用花苞和填充花來填補花朵之間的空隙,沿著圓頂向下填補至圓頂的底邊。留下一小塊空間,用抹刀將頂端的布置從假蛋糕上抬起。將手指移至頂端布置下方來移動它,並用兩根竹籤將它固定在用木條支撐的蛋糕上。

5. 用花朵和葉片將剩餘的所有空隙和底邊完全填滿,將保麗龍球隱藏起來,並視需求讓花朵和葉片在頂端的邊緣滿溢出來,完成頂端的布置。

預先布置

攀緣玫瑰花藝夾層

　　花藝夾層並非婚禮大蛋糕的專利，它可以美美地為你的設計增加高度和質感。小而美的展示夾層是練習製作過程的好方法，你可以在上面布置較小的花、填充花、花苞和葉片。帶狀的花本身就很華麗，或是你也能如左側圖所示打造額外的裝飾。

打造攀緣玫瑰花藝夾層，你將需要

蛋糕層

- 5×5英寸（13×13公分）覆蓋白色翻糖的蛋糕層，底部的蛋糕板中央有3/8英寸（8公釐）的洞
- 6×4英寸（15×10公分）覆蓋白色翻糖並裝有木條的蛋糕層，底部的蛋糕板中央有3/8英寸（8公釐）的洞
- 7×5英寸（18×13公分）覆蓋白色翻糖並裝有木條的蛋糕層，底部的蛋糕板中央有3/8英寸（8公釐）的洞

夾層花

- 攀緣玫瑰二十朵（大小混合）
- 攀緣玫瑰花苞十五顆
- 櫻桃花三十五朵
- 櫻桃花苞二十五顆
- 繡球花五十朵
- 繡球花苞十五顆
- 填充花六十朵

- 萬用花苞十二顆
- 小玫瑰花葉五片

頂端布置用花

- 攀緣玫瑰四朵
- 櫻桃花三朵
- 櫻桃花苞三顆
- 繡球花七朵
- 填充花五朵
- 萬用花苞二顆
- 小玫瑰花葉二片

特殊材料

- 額外的白色翻糖
- 直徑9×1/4英寸（23公分×5公釐）的纖維板材質蛋糕板，中央打好3.8英寸（8公釐）的洞，並鋪上白色翻糖
- 美工刀
- 熱溶膠槍

- 3/8英寸（8公釐）的木條，裁至15英寸（38公分）長，一端削尖
- 兩個7英寸（18公分）的硬紙板材質蛋糕板，中央有3/8英寸（8公釐）的洞
- 兩個4英寸（10公分）的硬紙板材質蛋糕板，中央有3/4-1英寸（2-2.5公分）的洞（洞較大，讓完成的夾層可視需求在蛋糕之間左右調整）
- 4×2英寸（10×5公分）的保麗龍圓盤，中央有3/4-1英寸（2-2.5公分）的洞
- 寬1/4英寸（5公釐）、長90英寸（225公分）的黃綠色羅紋緞帶
- 糖膠或水
- 牙籤（或取食籤）或針筆
- 額外的7×6英寸（18×15公分）保麗龍假蛋糕，作為在夾層中填補花朵時的平台

1. 製作夾層，用少量的糖膠將4英寸（10公分）的硬紙板材質蛋糕板黏在4英寸（10公分）的保麗龍圓盤上，務必對齊中央的洞。晾乾。

2. 擀出一條3英寸（7.5公分）寬×14英寸（35.5公分）長×1/8英寸（3公釐）厚的翻糖。在翻糖上塗上少量糖膠或水，然後包住夾層，覆蓋保麗龍和紙板邊緣。用美工刀修去多餘的翻糖。

3. 將鋪有翻糖的夾層置於兩個7英寸（18公分）的蛋糕紙板中央，並擺在額外的7英寸（18公分）假蛋糕上。將3/8英寸（8公釐）的木條向下推入中央的洞，只要推至能夠固定在假蛋糕上即可。兩張紙板將作為擺放花朵的導引板，讓花朵不會在堆上

蛋糕層時受到損壞。

4. 將你的糖花、花苞和葉片聚集起來，開始將鐵絲插入保麗龍中，為夾層進行布置。如有需要，可預先使用牙籤或針筆戳洞。

5. 在夾層周圍進行布置，持續添加玫瑰、櫻桃花、繡球花和花苞，接著用填充花填補小空隙。

6. 繼續在導引板之間進行布置，用玫瑰、櫻桃花、繡球花和花苞將夾層完全填滿。

7. 用膠水將中央的木條固定在蛋糕板中。將7×5英寸（18×13公分）的蛋糕層堆疊並固定在中央木條的底部。輕輕將導引板從花藝夾層中移除，並小心地將花藝夾層擺至蛋糕底層上方。將

剩餘兩層蛋糕層向下穿入中央的木條，堆疊並固定在花藝夾層上。在夾層的底邊加上更多的花朵、花苞和葉片，填補所有的空隙，讓部分的花朵和葉片從蛋糕底層的上緣溢出。

8. 測量長度，並將緞帶黏在每個蛋糕層底部和蛋糕板上（見「最後修飾」）。

9. 緞帶固定後，這時繼續用額外的小花和花苞填補夾層上緣的所有空隙。

10. 在蛋糕頂層打造小型的偏移布置。將少許玫瑰固定在蛋糕上，周圍放上一些小顆的翻糖球。將剩餘的花朵、花苞和葉片以鐵絲插入翻糖球，就形成了出色的布置。

最後修飾

　　我使用緞帶來修飾大部分的多層蛋糕，我愛死了各種顏色素雅的細緞帶，用來襯托翻糖花布置的色調再適合不過。可愛的黃綠色是最萬用的，可用來搭配我們所有的花，但我也喜歡淡粉紅色、柔和的自然色調、帶有白色縫線的巧克力羅紋緞帶，偶而也使用黑色或條紋緞帶來打造較有個性的裝飾。但即使沒有備齊每一種顏色也不必擔心，一些漂亮的基本色就非常實用了。

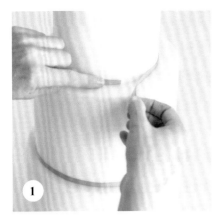

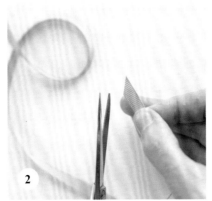

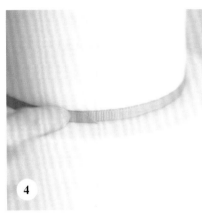

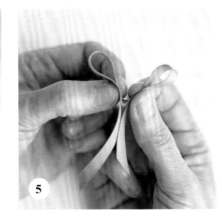

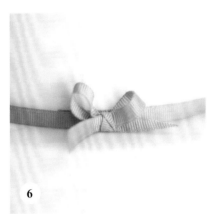

所需特定材料

....

- 緞帶
- 剪刀
- 和緞帶一樣粗細或更細的雙面膠帶
- 完成的蛋糕層（或同樣大小的模型）
- 絲帶
- 直尺或捲尺（隨意）

1. 測量所需的緞帶長度，小心地用緞帶圍繞蛋糕層底部（或是同等大小的假蛋糕層），緞帶可以有額外1英寸（2.5公分）的重疊。亦可使用絲帶來進行這項測量。

2. 用銳利的剪刀將緞帶末端剪出尖角，並修剪至適當的長度。

3. 剪下一條長3/4英寸（2公分）的雙面膠，貼在緞帶的其中一面。

4. 用緞帶圍繞蛋糕，讓末端在背面重疊。將雙面膠的膠紙撕下，貼在緞帶另一邊的末端上固定，讓膠帶只接觸到緞帶。

5. 如果你想將緞帶的交疊處隱藏起來，可以用一條末端修剪整齊的緞帶綁成蝴蝶結。

6. 將雙面膠以小圈狀黏在蝴蝶結背面，並固定在緞帶上。可視情況讓蝴蝶結朝向正面，作為蛋糕設計的細緻裝飾。

Copyright© Jaqueline Butler, Sew&So, 2017
an imprint of F&W Media International, LTD., Pynes Hill Court, Pynes Hill, Rydon Lane, Exeter
EX2 5SP

生活風格 FJ1060X

婚禮蛋糕天后賈桂琳的翻糖花裝飾技法聖經
自然系翻糖花萬用公式 × 20 款花朵製作詳解 × 7 款經典婚禮蛋糕設計
Modern Sugar Flowers: Contemporary cake decorating with elegant gumpaste flowers

作　　　者	賈桂琳‧巴特勒 Jacqueline Butler
譯　　　者	林惠敏
審　　　訂	Peggy Liao
責 任 編 輯	謝至平、陳怡君
協 力 編 輯	沈沛緗
行 銷 企 劃	陳彩玉、朱紹瑄
編 輯 總 監	劉麗真
總 經 理	陳逸瑛

發 行 人	凃玉雲
出　　　版	臉譜出版
	城邦文化事業股份有限公司
	台北市民生東路二段141號5樓
	電話：886-2-25007696　傳真：886-2-25001952
發　　　行	英屬蓋曼群島商家庭傳媒股份有限公司城邦分公司
	台北市中山區民生東路二段141號11樓
	客服專線：02-25007718；25007719
	24小時傳真專線：02-25001990；25001991
	服務時間：週一至週五上午09:30-12:00；下午13:30-17:00
	劃撥帳號：19863813　戶名：書虫股份有限公司
	讀者服務信箱：service@readingclub.com.tw
	城邦網址：http://www.cite.com.tw
香港發行所	城邦（香港）出版集團有限公司
	香港灣仔駱克道193號東超商業中心1樓
	電話：852-25086231或25086217　傳真：852-25789337
	電子信箱：citehk@biznetvigator.com
新馬發行所	城邦（新、馬）出版集團
	Cite（M）Sdn. Bhd.（458372U）
	41, Jalan Radin Anum, Bandar Baru Sri Petaling,
	57000 Kuala Lumpur, Malaysia.
	電話：603-90578822　傳真：603-90576622
	電子信箱：cite@cite.com.my

二 版 一 刷　2018年5月

城邦讀書花園
www.cite.com.tw

ISBN 978-986-235-660-9
版權所有‧翻印必究（Printed in Taiwan）
售價：NT$ 680
（本書如有缺頁、破損、倒裝，請寄回更換））

國家圖書館出版品預行編目資料

婚禮蛋糕天后賈桂琳的翻糖花裝飾技法聖經：
自然系翻糖花萬用公式 × 20 款 花 朵 製 作 詳
解 × 7 款經典婚禮蛋糕設計／賈桂琳‧巴特勒
Jacqueline Butler著；林惠敏譯.-- 二版. -- 臺北
市：臉譜，城邦文化出版：家庭傳媒城邦分公
司發行, 2018.05
160面；27.6*21公分. --（生活風格；FJ1060X）
譯自：Modern Sugar Flowers：contemporary cake
decorating with elegant gumpaste flowers.
ISBN 978-986-235-660-9（精裝）
1. 點心食譜
427.16　　　　　　　　　　107004666